ENSINO DA MATEMÁTICA: CONCEPÇÕES, METODOLOGIAS, TENDÊNCIAS E ORGANIZAÇÃO DO TRABALHO PEDAGÓGICO

SÉRIE MATEMÁTICA EM SALA DE AULA

Anderson Roges Teixeira Góes

Heliza Colaço Góes

ENSINO DA MATEMÁTICA: CONCEPÇÕES, METODOLOGIAS, TENDÊNCIAS E ORGANIZAÇÃO DO TRABALHO PEDAGÓGICO

2ª edição revista e atualizada

Rua Clara Vendramin, 58 . Mossunguê . CEP 81200-170 . Curitiba . PR . Brasil
Fone: (41) 2106-4170 . www.intersaberes.com . editora@intersaberes.com

Conselho editorial – *Dr. Alexandre Coutinho Pagliarini*
Dra. Elena Godoy
Dr. Neri dos Santos
Ma. Maria Lúcia Prado Sabatella

Editora-chefe – *Lindsay Azambuja*

Gerente editorial – *Ariadne Nunes Wenger*

Assistente editorial – *Daniela Viroli Pereira Pinto*

Edição de texto – *Arte e Texto Edição e Revisão de Textos*
Caroline Rabelo Gomes
Monique Francis Fagundes Gonçalves

Capa – *Charles L. da Silva (design)*
grafius/Shutterstock (imagem)

Projeto gráfico – *Bruno Palma e Silva*

Diagramação – *Fabio Vinicius da Silva*

Designer responsável – *Charles L. da Silva*

Iconografia – *Regina Claudia Cruz Prestes*

Dados Internacionais de Catalogação na Publicação (CIP)
(Câmara Brasileira do Livro, SP, Brasil)

Góes, Anderson Roges Teixeira
  Ensino da matemática : concepções, metodologias, tendências e organização do trabalho pedagógico / Anderson Roges Teixeira Góes, Heliza Colaço Góes. -- 2. ed. rev. e atual. -- Curitiba : Editora Intersaberes, 2023. -- (Série matemática em sala de aula)

  Bibliografia.
  ISBN 978-85-227-0374-6

  1. BNCC – Base Nacional Comum Curricular 2. Ensino – Metodologia 3. Matemática – Estudo e ensino 4. Prática pedagógica I. Góes, Heliza Colaço. II. Título. III. Série.

22-140586   CDD-510.7

Índice para catálogo sistemático:
1. Matemática: Estudo e ensino   510.7

Cibele Maria Dias – Bibliotecária – CRB-8/9427

1ª edição, 2016.
2ª ed. rev. e atual., 2023.

Foi feito o depósito legal.

Informamos que é de inteira responsabilidade dos autores a emissão de conceitos.

Nenhuma parte desta publicação poderá ser reproduzida por qualquer meio ou forma sem a prévia autorização da Editora InterSaberes.

A violação dos direitos autorais é crime estabelecido na Lei n. 9.610/1998 e punido pelo art. 184 do Código Penal.

Sumário

Apresentação 7

Como aproveitar ao máximo este livro 11

1 História e recursos pedagógicos do ensino de Matemática 15

    1.1 Histórico do ensino de Matemática 17

    1.2 Ensino e aprendizagem de Matemática 24

    1.3 Recursos para o ensino e a aprendizagem de Matemática 27

2 Conhecimento matemático 47

    2.1 Uma breve discussão sobre as teorias de aprendizagem 48

    2.2 Epistemologia genética e construção do pensamento matemático 54

    2.3 Construção do conceito de número 60

    2.4 Afetividade no ensino de conceitos matemáticos 65

3 Ensino de Matemática 73

    3.1 Importância do ensino de Matemática na educação básica 75

4 Tendências de ensino e aprendizagem de Matemática 101

    4.1 História da matemática 102

    4.2 Resolução de problemas 104

    4.3 Atividades investigativas 107

    4.4 Etnomatemática 110

    4.5 Modelagem matemática 112

    4.6 Tecnologias educacionais 116

    5.1 Programa de ensino, plano de ensino e plano de aula 125

5 Análise e organização de programas de ensino 125

    5.2 Como planejar a aula 130

    5.3 Formas de avaliação e elaboração de atividades 142

6 Livros didáticos e paradidáticos 151

    6.1 Histórico do Programa Nacional do Livro e do Material Didático (PNLD) 154

    6.2 A escolha da obra 157

    6.3 Critérios de avaliação do livro didático de Matemática 160

    6.4 Importância dos livros paradidáticos no ensino 170

Considerações finais 177

Referências 179

Bibliografia comentada 189

Respostas 193

Sobre os autores 199

Apresentação

Esta obra foi pensada para servir como instrumento facilitador para a formação de acadêmicos do curso de licenciatura em Matemática, bem como para garantir que os futuros profissionais dessa área tenham melhores condições para trabalhar com o ensino e a aprendizagem da disciplina. Nosso objetivo principal é discutir como se deve ensinar Matemática, apresentando o histórico dessa disciplina no Brasil, assim como concepções, metodologias e tendências para o ensino dessa ciência e materiais e recursos que facilitam esse processo. "O conhecimento matemático é necessário para todos os alunos da educação básica, seja por sua grande aplicação na sociedade contemporânea, seja pelas suas potencialidades na formação de cidadãos críticos, cientes de suas responsabilidades sociais" (Brasil, 2018, p. 265).

Nesta obra, empregamos uma abordagem acessível, sem perder de vista a fundamentação em documentos oficiais e nas demais obras presentes na literatura relacionada aos temas aqui tratados. Em diversos pontos do texto, por meio de exemplos ou sugestões de leituras complementares, buscamos chamar a atenção para a relação entre sua futura prática docente e os temas aqui discutidos.

No Capítulo 1 – "História e recursos pedagógicos do ensino de Matemática" –, apresentamos um breve histórico do ensino da matemática no Brasil, desde a contribuição dos jesuítas até os dias atuais, indicamos recursos pedagógicos para o ensino dessa ciência e descrevemos o campo de estudo da expressão gráfica, que traz contribuições para o processo de ensino-aprendizagem. No Capítulo 2, tratamos sobre o conhecimento matemático, iniciando por uma breve discussão sobre teorias de aprendizagem, passando pela construção do número e mostrando como a afetividade influencia no ensino e na aprendizagem de conceitos matemáticos. Mostramos a importância do ensino de Matemática no auxílio da estruturação do pensamento, do raciocínio e na compreensão de conceitos no Capítulo 3 – "Ensino de Matemática". Nesse capítulo, indicamos ainda a estratégia para o ensino e a aprendizagem da matemática fundamentada na Base Nacional Comum Curricular (BNCC). No Capítulo 4, apresentamos as tendências de ensino e aprendizagem de Matemática propostas por diversos pesquisadores em Educação Matemática. O Capítulo 5 pode ser fonte de estudo de professores de diversas áreas do conhecimento, uma vez que nele abordamos o programa de ensino, o plano de ensino e o plano de aula. Para isso, realizamos reflexões a respeito de como planejar a aula, da importância da utilização de diários de bordo para sua autoavaliação e dos tipos de avaliação dos estudantes. No Capítulo 6, apresentamos o histórico do Programa Nacional do Livro e do Material Didático (PNLD) e os itens que atualmente compõem os critérios de avaliação dos livros. Por fim, tratamos sobre a importância dos livros paradidáticos no processo de ensino-aprendizagem de Matemática e damos algumas sugestões para o professor utilizá-los em suas práticas.

No fim de cada capítulo deste livro, você será convidado a avaliar seus conhecimentos por meio de atividades de autoavaliação, bem como a realizar leituras de textos que complementam o exposto neste material e a promover pesquisas sobre os assuntos abordados. Por fim, no fechamento de cada capítulo, é proposta uma atividade de autoaprendizagem, cujo objetivo é levá-lo(a) a pensar criticamente a respeito de determinado tema e a integrar conhecimentos teóricos e práticos.

Dessa forma, sinta-se convidado a fazer uma reflexão sobre os temas abordados e como estes vão auxiliá-lo em sua futura profissão de professor de Matemática.

Como aproveitar ao máximo este livro

Empregamos nesta obra recursos que visam enriquecer seu aprendizado, facilitar a compreensão dos conteúdos e tornar a leitura mais dinâmica. Conheça a seguir cada uma dessas ferramentas e saiba como elas estão distribuídas no decorrer deste livro para bem aproveitá-las.

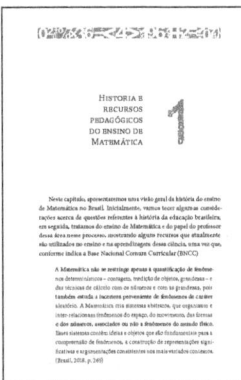

Introdução do capítulo

Logo na abertura do capítulo, informamos os temas de estudo e os objetivos de aprendizagem que serão nele abrangidos, fazendo considerações preliminares sobre as temáticas em foco.

Síntese

Ao final de cada capítulo, relacionamos as principais informações nele abordadas a fim de que você avalie as conclusões a que chegou, confirmando-as ou redefinindo-as.

Indicações culturais

Para ampliar seu repertório, indicamos conteúdos de diferentes naturezas que ensejam a reflexão sobre os assuntos estudados e contribuem para seu processo de aprendizagem.

Atividades de autoavaliação

Apresentamos estas questões objetivas para que você verifique o grau de assimilação dos conceitos examinados, motivando-se a progredir em seus estudos.

Atividades de aprendizagem

Aqui apresentamos questões que aproximam conhecimentos teóricos e práticos a fim de que você analise criticamente determinado assunto.

Bibliografia comentada

Nesta seção, comentamos algumas obras de referência para o estudo dos temas examinados ao longo do livro.

História e recursos pedagógicos do ensino de Matemática

Neste capítulo, apresentaremos uma visão geral da história do ensino de Matemática no Brasil. Inicialmente, vamos tecer algumas considerações acerca de questões referentes à história da educação brasileira; em seguida, trataremos do ensino de Matemática e do papel do professor dessa área nesse processo, mostrando alguns recursos que atualmente são utilizados no ensino e na aprendizagem dessa ciência, uma vez que, conforme indica a Base Nacional Comum Curricular (BNCC):

> A Matemática não se restringe apenas à quantificação de fenômenos determinísticos – contagem, medição de objetos, grandezas – e das técnicas de cálculo com os números e com as grandezas, pois também estuda a incerteza proveniente de fenômenos de caráter aleatório. A Matemática cria sistemas abstratos, que organizam e inter-relacionam fenômenos do espaço, do movimento, das formas e dos números, associados ou não a fenômenos do mundo físico. Esses sistemas contêm ideias e objetos que são fundamentais para a compreensão de fenômenos, a construção de representações significativas e argumentações consistentes nos mais variados contextos. (Brasil, 2018, p. 265)

A BNCC é, atualmente, o documento que estabelece o "conjunto orgânico e progressivo de **aprendizagens essenciais** que todos os alunos devem desenvolver ao longo das etapas e modalidades da Educação Básica" (Brasil, 2018, p. 7, grifo do original). Esse documento é previsto na Lei de Diretrizes e Bases da Educação Nacional (LDBEN) – Lei n. 9.394, de 20 de dezembro de 1996 (Brasil, 1996). Ainda, a LDBEN indica que a formação inicial formal de professores que ensinam matemática – os cursos de licenciatura em Matemática – têm como proposta a formação de professores voltados à educação básica, atuantes nos anos finais do ensino fundamental e no ensino médio. Os profissionais dessa área também podem atuar em segmentos da educação profissional, na educação de jovens e adultos (EJA), na educação especial e na educação de indígenas.

Talvez você se pergunte se a organização do ensino brasileiro sempre se deu dessa forma. Um breve olhar para o início do ensino no Brasil mostrará que aconteceram muitas mudanças desde as LDBENs anteriores – esses documentos determinavam outras organizações de ensino no Brasil, assim como em seus componentes curriculares.

Então, para compreender adequadamente essa transição histórica e suas consequências para o ensino de Matemática, vamos realizar nesta seção um breve apanhado histórico do ensino na área, desde a colonização do Brasil pelos portugueses até os dias atuais, para então discursarmos sobre o tema deste capítulo. Assim, apontamos como a Matemática estava presente nos currículos escolares desde a chegada dos jesuítas ao Brasil, mostrando diversas transformações que ocorreram na oferta e na implantação da disciplina em nosso país, e, por fim, expomos alguns recursos que atualmente podem ser utilizados em seu ensino.

Além disso, indicamos, no decorrer do texto, alguns pontos fundamentais referentes ao papel do professor de Matemática, bem como ao ensino e à aprendizagem desse campo do conhecimento.

Assim, convidamos você a realizar esta viagem no tempo do ensino de Matemática no Brasil. Vamos lá?

1.1 Histórico do ensino de Matemática

No período do descobrimento do Brasil, o ensino era considerado quase um direito especial dos padres da Companhia de Jesus. Em 1549, chegou ao Brasil o primeiro grupo de jesuítas juntamente com Tomé de Souza, o primeiro governador-geral. A primeira escola elementar foi criada em Salvador por seis padres e com a liderança de Manuel de Nóbrega. A partir de então, os jesuítas expandiram a rede de educação com a fundação de escolas em Ilhéus, Porto Seguro, Espírito Santo, São Vicente e São Paulo de Piratininga, e dos colégios estabelecidos na Bahia, no Rio de Janeiro, em Olinda, no Maranhão, em São Paulo e nas demais regiões (Gomes, 2013).

No que se refere aos conhecimentos matemáticos, as escolas elementares abordavam o estudo das operações básicas (adição, subtração, multiplicação e divisão) e o ensino da escrita dos números decimais. Já nos colégios, o ensino ofertado era secundário (atuais anos finais do ensino fundamental e ensino médio), voltado para as humanidades clássicas, com ênfase no estudo do latim. Eram poucos os espaços para os saberes relacionados à matemática, e os jesuítas dispunham de muitos livros da área, no entanto, os estudos correlatos eram pouco desenvolvidos na gestão jesuíta. Com a expulsão desse grupo religioso em 1759, os 17 colégios por ele administrados foram fechados, restando poucas instituições de ensino militar e escolas coordenadas por outras ordens religiosas (Gomes, 2013).

Ainda de acordo com Gomes (2013), o Marquês de Pombal regulamentou, em 1772, as chamadas **aulas régias**, nas quais, de forma isolada, dava-se prioridade ao ensino de gramática, grego, latim, retórica, filosofia e, por último, de disciplinas referentes à matemática: álgebra, aritmética e geometria. Esses eixos da matemática eram estudados separadamente e, ainda, era difícil encontrar profissionais que ministrassem tais conteúdos.

A criação do Seminário de Olinda, em 1798, enfatizou a importância do ensino de temas científicos e matemáticos, apresentando uma estruturação fundamentada em uma sequência de conteúdos, reunião de estudantes em classe e duração de cursos com base em um planejamento prévio (Saviani, 2007).

Mudanças perceptíveis no ensino de Matemática também ocorreram em 1808, com a chegada de D. João VI. Foram implantadas diversas instituições educacionais e culturais, entre elas as Academias Reais da Marinha e Militar, em 1808 e 1810, respectivamente – ambas no Rio de Janeiro, estabelecidas com o objetivo de formar engenheiros militares e civis e ofertar cursos de Agricultura, Cirurgia e Química –, a escola Real de Ciências, Ofícios e Artes, criada em 1816, e o Museu Nacional, fundado em 1818 (Gomes, 2013).

Ainda conforme Gomes (2013), após a Independência do Brasil, em 1822, foi promulgada a Constituição de 1824, que vigorou por todo o período imperial. Nessa primeira Constituição do Estado livre, garantia-se a instrução primária gratuita para todos os cidadãos brasileiros. No entanto, somente em 1827 foi homologada a lei que colocou em vigor a existência de escolas de primeiras letras (que pressupunham o ensino de Matemática, visto que significavam "ler, escrever e contar") em todas as regiões com certo número de pessoas. Entretanto, as instituições deveriam fazer distinção de educação para meninas e meninos.

> No início do século XIX, havia diversas instituições de ensino, mas estas não apresentavam uniformidade no currículo. A ênfase se dava nos conteúdos de grego, latim, poética, retórica, línguas modernas e filosofia (Gomes, 2013).

De acordo com Veiga (2007), o currículo nas escolas de meninos era composto de leitura, escrita, algoritmos das quatro operações aritméticas, frações ordinárias, proporções, números decimais, noções de geometria, moral cristã, gramática da língua nacional e doutrina católica. Já nas escolas para meninas, que eram implantadas apenas em regiões mais populosas e dirigidas por professoras, a geometria e as frações ordinárias eram substituídas no currículo pelo ensino de práticas indispensáveis para a economia doméstica.

Mesmo com as diversas reformas que alteraram o plano de estudos do Imperial Colégio de Pedro II, fundado em 1837, as disciplinas de Álgebra, Aritmética, Geometria e mais tarde de Trigonometria estavam presentes. Essa especificidade fez com que esse colégio passasse a ser considerado a instituição-modelo para o ensino secundário no Brasil. Durante o período do Império, apenas o público masculino frequentava a instituição e, por volta de 1880, algumas mulheres começaram a frequentar o estabelecimento; em 1887, a primeira mulher recebeu o diploma de médica no Estado do Rio de Janeiro, sendo a única da turma (Veiga, 2007).

Romanelli (2001) afirma que, à época da Proclamação da República, em 1889, **cerca de 85% da população era analfabeta**. Já em 1890, **Benjamim Constant** foi responsável pela reforma do ensino – que pressupunha a quebra da tradição literária e humanista do ensino secundário por meio da adoção de um currículo que privilegiava as disciplinas matemáticas e científicas. Nessa mesma época, o Colégio Pedro II passou a ser denominado *Ginásio Nacional*, e a frequência ao ensino secundário deixou de ser obrigatória para o ingresso em faculdades. No entanto, para o acesso ao ensino superior, era necessário mostrar conhecimentos em álgebra, aritmética, geometria e trigonometria.

Segundo Miorim (1998), a partir de 1920, com o movimento pedagógico denominado *Escola Nova*, ocorreram mudanças na educação primária (na atualidade, anos iniciais do ensino fundamental) e na formação de professores. Essa nova iniciativa buscava promover ações que vinham sendo desenvolvidas nos Estados Unidos e na Europa desde o século XIX: o princípio da atividade e o princípio da introdução da escola em situações da vida real. Esses atos promoveram mudanças no ensino dos anos iniciais, com reflexos na abordagem da Matemática. Como forma de garantir as novas diretrizes pedagógicas adequadamente, em 1929, foi fundada, em Minas Gerais, a Escola de Aperfeiçoamento. No entanto, o movimento escolanovista não contou com grande aceitação por parte dos professores brasileiros, e a renovação pedagógica não conseguiu alcançar a educação secundária, então fundamentada na memorização e na assimilação dos conteúdos.

1.1.1 Efetivação da Educação Matemática no Brasil

Até aqui, demonstramos como a matemática esteve inserida no ensino brasileiro durante os anos. Agora, mostraremos como a Educação Matemática surgiu e como o Brasil participou desse movimento.

Essa área de pesquisa se constituiu recentemente, mas pode ser considerada anciã, uma vez que seus primeiros passos são verificados no início do século XX, quando, no Encontro Internacional de Matemática realizado em Roma, em 1908, foi formada a primeira comissão para estudar o ensino de Matemática nos países participantes – a **Comissão Internacional de Instrução Matemática** (mais conhecida por sua sigla em inglês, ICMI, de International Commission of Mathematical Instruction). Esse movimento ganhou abrangência internacional rapidamente e, a partir da década de 1970, consolidou-se por meio dos Congressos Internacionais de Educação Matemática (ICME – International Congress of Mathematical Education). A presença do Brasil foi marcante desde o início nesse movimento, que se direcionou para a concepção de uma área que tomaria o ensino de matemática como objeto de estudo (Soares, 2010).

No Brasil, foi **Euclides Roxo**, professor de Matemática do Colégio Pedro II, quem apresentou a proposta de mudança nos programas de ensino da instituição, aprovada em 1928. A característica mais marcante dessa reestruturação foi a unificação das disciplinas de Álgebra, Aritmética, Geometria e Trigonometria em uma nova disciplina chamada *Matemática* (Gomes, 2013).

> Ainda hoje procura-se estimular o ensino tal como foi concebido no início do século XX. No entanto, muitos professores continuam pensando como profissionais anteriores a essa época e oferecem um ensino tradicional, no qual a Matemática é considerada uma disciplina mental, descontextualizada e repleta de abstrações.

Três anos depois, com a reforma de **Francisco Campos**, criou-se uma listagem de conteúdos a serem ministrados nas escolas secundárias do Brasil. Nessa proposta, enfatizava-se a necessidade do desenvolvimento mental do aluno e de seus interesses, considerando o estudante um descobridor de conhecimentos. Com essa mudança de perspectiva, recomendava-se a renúncia aos processos de memorização sem raciocínio, ao abuso de enunciados com definições e regras, bem como ao estudo sistemático de demonstrações já realizadas. Assim, o ensino deveria iniciar com base na intuição. Em relação à Geometria, o ensino de demonstrações formais precisaria ser precedido de atividades que envolvessem a experimentação e a construção. A proposta oferecia um papel muito importante ao conceito de **função**, que deveria ser apresentado primeiramente de forma intuitiva e desenvolvido paulatinamente nas demais séries. Na quinta série do ensino secundário, prescrevia-se o ensino de noções iniciais do cálculo de limites, derivadas e integrais, existiam as orientações quanto à álgebra, à aritmética e à geometria e, por fim, a listagem de conteúdos para cada uma das áreas a serem trabalhados nas séries do ensino fundamental, que viriam após o curso primário de quatro anos (Gomes, 2013).

A formação de professores para o ensino secundário em nível superior teve início no Brasil apenas em 1934, na Faculdade de Filosofia, Ciências e Letras da Universidade de São Paulo (USP). No Estado do Rio de Janeiro, então capital do país, foi criada a Universidade do Distrito Federal em 1935. Em 1939, essa instituição passou a Universidade do Brasil e também a Faculdade Nacional de Filosofia, cujo primeiro título a ser obtido era o de bacharel em Matemática; depois de cursar as disciplinas de Didática, o estudante poderia obter o diploma de licenciado em Matemática (Gomes, 2013).

Do período anteriormente citado até o ano de 1950, diversas mudanças ocorreram no ensino brasileiro, com a instituição do que viriam a ser os ensinos técnico e profissionalizante. Foi a partir desse período que a Matemática, bem como as demais disciplinas, começou a sofrer modificações, principalmente em razão das condições sociais, econômicas e culturais do Brasil, além da necessidade de ampliação do acesso à escola e da finalidade das instituições de ensino. Gomes (2013) aponta que a **inserção de alunos vindos de camadas populares** exigiu essa mudança.

Mais especificamente em relação ao ensino de Matemática no Brasil, a década de 1950 significou muitas alterações na área: em virtude das inquietações de professores e pesquisadores sintonizados com o movimento da matemática moderna, da necessidade de expansão do ensino desse campo do conhecimento e da persistência das dificuldades em sua aprendizagem, foram realizados congressos brasileiros de ensino de Matemática. No entanto, foi principalmente em 1988, ano em que foi criada a **Sociedade Brasileira de Educação Matemática** (SBEM), uma entidade civil de caráter científico e cultural sem qualquer vinculação político-partidária ou religiosa e sem fins lucrativos, que esse campo do saber foi aos poucos se consolidando (SBEM, 2022).

Além da criação da SBEM, já na primeira metade da década de 1980, foram implantados dois cursos de pós-graduação *stricto sensu* em Educação Matemática na Universidade Santa Úrsula, no Rio de Janeiro, e na Universidade Estadual Paulista (Unesp), *campus* Rio Claro. Com a finalidade de divulgar a produção científica produzida nessa área no Brasil, um considerável número de livros, periódicos e revistas especializadas foi progressivamente publicado, dos quais os mais qualificados hoje são: *Bolema*, pela Unesp; *Gepem*, pela Universidade Federal Rural do Rio de Janeiro (UFRRJ); *Educação Matemática em Revista*, pela SBEM; *Revista Zetètike*, pela Universidade Estadual de Campinas (Unicamp); e *Educação Matemática Pesquisa*, pela Pontifícia Universidade Católica de São Paulo (PUC-SP).

A SBEM tem por objetivo reunir estudantes e profissionais que tenham interesse na área de Educação Matemática, no desenvolvimento e na promoção de pesquisas nessa área. A instituição também dá atenção especial ao professor em suas atividades diárias (fato que pode ser comprovado pelas publicações de relatos de experiência no Encontro Nacional de Educação Matemática – Enem) e proporciona espaços para debates sobre mudanças na formação dos futuros professores dessa área do conhecimento. Para isso, essa entidade promove eventos, como o Seminário Internacional de Pesquisa em Educação Matemática (Sipem) e o já citado Enem.

O Sipem é uma reunião de pesquisadores brasileiros e estrangeiros realizada pela SBEM na qual os estudiosos divulgam suas pesquisas, possibilitando o avanço dos estudos destinados à Educação Matemática.

O Enem é um momento importante da atuação da entidade, realizado atualmente a cada três anos. Esse evento tem como característica uma ampla programação de cunho científico e pedagógico, que inclui novas produções do conhecimento na área, debates de grandes temas, exposição de problemas de pesquisa e divulgação de estudos e experiências na área da Educação Matemática.

Lembramos que aqui foram apresentados apenas alguns pontos referentes ao ensino de Matemática até o movimento da Educação Matemática, desde a época dos jesuítas até os tempos atuais. Para complementar os estudos, são necessárias leituras de obras e estudos para que você possa se aprofundar um pouco mais sobre os conhecimentos matemáticos e o passado do ensino em nosso país.

INDICAÇÕES CULTURAIS

Conheça um pouco mais da história da matemática no Brasil nas obras a seguir:

MIORIN, M. A. **O ensino de matemática**: evolução e modernização. 218 f. Tese (Doutorado em Educação) – Universidade Estadual de Campinas, Campinas, 1995. Disponível em: <http://www.educadores.diaadia.pr.gov.br/arquivos/File/2010/artigos_teses/MATEMATICA/Tese_Miorin.pdf>. Acesso em: 31 jan. 2023.

VALENTE, W. R. Quem somos nós, professores de Matemática? **Cadernos Cedes**, Campinas, v. 28, n. 74, p. 11-23, jan./abr. 2008. Disponível em: <http://www.scielo.br/pdf/ccedes/v28n74/v28n74a02.pdf>. Acesso em: 31 jan. 2023.

Agora que vimos um breve panorama histórico do movimento de ensino da Matemática em nosso país, apresentaremos algumas considerações a respeito do processo de ensino-aprendizagem da Matemática na atualidade.

1.2 Ensino e aprendizagem de Matemática

Como já indicamos na seção anterior, o movimento de ensino de Matemática não se restringe ao Brasil. Internacionalmente, a comunidade de estudiosos da Educação Matemática vem incentivando a renovação das atuais concepções de trabalho com a matemática, de matemática escolar e de aprendizagem na matemática.

Em diferentes níveis de ensino, ainda podemos encontrar aulas de Matemática nos moldes jesuítas, impregnados na ideia de muitos professores. Nessa metodologia, o educador escreve no quadro de giz tudo o que entende por importante, enquanto o aluno realiza a cópia no caderno e, na sequência, procura resolver exercícios repetitivos de acordo com um modelo estabelecido pelo docente.

Apesar de tal prática demonstrar que é possível aprender matemática, a BNCC apresenta competências que muitas vezes não são possíveis de serem atingidas pelo método tradicional.

> 1) Valorizar e utilizar os conhecimentos historicamente construídos sobre o mundo físico, social, cultural e digital para entender e explicar a realidade, continuar aprendendo e colaborar para a construção de uma sociedade justa, democrática e inclusiva.
>
> 2) Exercitar a curiosidade intelectual e recorrer à abordagem própria das ciências, incluindo a investigação, a reflexão, a análise crítica, a imaginação e a criatividade, para investigar causas, elaborar e testar hipóteses, formular e resolver problemas e criar soluções (inclusive tecnológicas) com base nos conhecimentos das diferentes áreas.
>
> 3) Valorizar e fruir as diversas manifestações artísticas e culturais, das locais às mundiais, e também participar de práticas diversificadas da produção artístico-cultural.
>
> 4) Utilizar diferentes linguagens – verbal (oral ou visual-motora, como Libras, e escrita), corporal, visual, sonora e digital –, bem como conhecimentos das linguagens artística, matemática e científica, para se expressar e partilhar informações, experiências, ideias e

sentimentos em diferentes contextos e produzir sentidos que levem ao entendimento mútuo.

5) Compreender, utilizar e criar tecnologias digitais de informação e comunicação de forma crítica, significativa, reflexiva e ética nas diversas práticas sociais (incluindo as escolares) para se comunicar, acessar e disseminar informações, produzir conhecimentos, resolver problemas e exercer protagonismo e autoria na vida pessoal e coletiva.

6) Valorizar a diversidade de saberes e vivências culturais e apropriar-se de conhecimentos e experiências que lhe possibilitem entender as relações próprias do mundo do trabalho e fazer escolhas alinhadas ao exercício da cidadania e ao seu projeto de vida, com liberdade, autonomia, consciência crítica e responsabilidade.

7) Argumentar com base em fatos, dados e informações confiáveis, para formular, negociar e defender ideias, pontos de vista e decisões comuns que respeitem e promovam os direitos humanos, a consciência socioambiental e o consumo responsável em âmbito local, regional e global, com posicionamento ético em relação ao cuidado de si mesmo, dos outros e do planeta.

8) Conhecer-se, apreciar-se e cuidar de sua saúde física e emocional, compreendendo-se na diversidade humana e reconhecendo suas emoções e as dos outros, com autocrítica e capacidade para lidar com elas.

9) Exercitar a empatia, o diálogo, a resolução de conflitos e a cooperação, fazendo-se respeitar e promovendo o respeito ao outro e aos direitos humanos, com acolhimento e valorização da diversidade de indivíduos e de grupos sociais, seus saberes, identidades, culturas e potencialidades, sem preconceitos de qualquer natureza.

10) Agir pessoal e coletivamente com autonomia, responsabilidade, flexibilidade, resiliência e determinação, tomando decisões com base em princípios éticos, democráticos, inclusivos, sustentáveis e solidários. (Brasil, 2018, p. 9-10)

Quanto aos alunos, a maioria deles acredita que aprender matemática consiste apenas em saber algoritmos e fórmulas e seguir regras que foram implantadas pelo docente em sala de aula. Muitos acreditam também que a matemática é composta de conceitos estáticos, inquestionáveis e incompreensíveis; creem, inclusive, que tais conceitos foram criados ou simplesmente descobertos por pessoas geniais. É muito comum o aluno desistir de resolver problemas matemáticos, afirmando que não aprendeu como resolver determinado modelo de exercício por não ter conseguido reconhecer o algoritmo. Nesses casos, podemos perceber a ausência de flexibilidade dos estudantes para a resolução de situações-problema e de ousadia para tentar solucionar um mesmo problema de formas diferentes (D'Ambrosio, 1999).

Por outro lado, na visão de muitos professores, os alunos realmente aprendem quando conseguem reproduzir o maior número de exercícios. Entretanto, essa perspectiva é equivocada, uma vez que, na mera repetição, os alunos não interpretam o mundo à sua volta e suas experiências. Esse processo os leva a demonstrar, por meio de respostas, que aparentemente compreenderam os conceitos matemáticos abordados. Contudo, a partir do momento em que alteramos o enunciado ou até mesmo o foco do exercício, os alunos nos surpreendem com erros. É por meio desses erros que podemos entender um pouco mais sobre as resoluções por eles desenvolvidas.

Assim, apresentamos a você um pouco de cada tendência em Educação Matemática, cujos conteúdos serão demonstrados mais detalhadamente no Capítulo 4 desta obra.

A resolução de situações-problemas consta nos currículos atuais de Matemática com a finalidade de propor uma metodologia de ensino na qual o professor indica para o aluno situações de problemas que deem espaço a investigações e explorações de conceitos novos.

A modelagem matemática refere-se à formalização e ao estudo de eventos do cotidiano, quando o discente passa a ser consciente de utilidades da matemática na análise e na resolução de problemas do dia a dia.

A utilização da história da matemática auxilia o aluno na construção e na compreensão dos conceitos matemáticos.

Na abordagem da etnomatemática, valoriza-se a matemática de diversos grupos culturais e conceitos matemáticos formalizados pelos alunos por meio de suas experiências, sem relação com a escola.

O uso de tecnologias educacionais viabiliza ambientes de exploração e investigação matemática. Diferentes *softwares*, como os de geometria dinâmica, auxiliam na construção de conceitos matemáticos por meio de investigações e de resoluções de problemas.

Todas as propostas apresentadas acabam se complementando e viabilizando o enriquecimento do ensino de Matemática. Logo, podemos concluir que a melhoria do ensino dessa área de estudo envolve a utilização de metodologias diversificadas, bem como de recursos variados, como os materiais manipuláveis e a expressão gráfica, apresentados a seguir.

Indicação cultural

Leia mais sobre a Educação Matemática na seguinte obra:

WACHILISKI, M. **Didática e avaliação**: algumas perspectivas da Educação Matemática. Curitiba: InterSaberes, 2012.

1.3 Recursos para o ensino e a aprendizagem de Matemática

Nesta seção, apresentaremos dois recursos que podem ser utilizados no processo de ensino-aprendizagem de Matemática: os materiais manipuláveis e os elementos da expressão gráfica.

1.3.1 Utilização de materiais manipuláveis

Vamos compreender o que são materiais manipuláveis (ou, como alguns autores definem, *materiais concretos* ou, ainda, *materiais manipulativos*). Esses recursos podem ser utilizados em diversas tendências.

Esse tipo de material pode ser classificado como ***estático*** ou ***dinâmico***. A primeira categoria, como a própria classificação indica, não permite que sua forma seja modificada, possibilitando apenas sua manipulação. Já na segunda categoria podemos alterar a forma do material por meio de sua utilização.

No que diz respeito ao ambiente escolar, os materiais manipuláveis estáticos vão desde instrumentos de trabalho (quadro de giz, giz, cadernos, compasso, régua, esquadros, transferidor, calculadoras, entre outros), passando por ilustrações (desenhos, murais, gravuras, discos, filmes, gráficos estatísticos, mapas etc.) até materiais de análise (modelos geométricos, jogos de tabuleiro, modelos de sólidos geométricos, ábacos, entre outras ferramentas) (Januario, 2008).

Com relação aos materiais manipuláveis dinâmicos, estes podem ser classificados como experimentais (*softwares* de geometria dinâmica, por meio dos quais o aluno pode manipular propriedades geométricas, criando novas formas; aparelhos para revolução de sólidos ou para demonstração do teorema de Pitágoras, entre outros) ou informativos (revistas, livros didáticos ou paradidáticos, páginas da internet, jornais, panfletos etc.).

Listamos a seguir alguns materiais manipuláveis utilizados no ensino de Matemática, entre eles: material dourado, ábaco, maquete, jogos, Tangram, material informativo, disco de frações, régua de frações, geoplano, obras de arte, modelos de sólidos geométricos.

1.3.1.1 MATERIAL DOURADO

O **material dourado** possibilita o desenvolvimento de tópicos da aritmética, principalmente sobre a construção do número. Apesar de ser muito utilizado nos anos iniciais do ensino fundamental, esse recurso pode ser empregado em outros níveis, como auxiliar no ensino de temas como potenciação, radiciação e geometria, por exemplo.

Em relação à Geometria, a BNCC informa que essa unidade temática

> envolve o estudo de um amplo conjunto de conceitos e procedimentos necessários para resolver problemas do mundo físico e de diferentes áreas do conhecimento. Assim, nessa unidade temática, estudar posição e deslocamentos no espaço, formas e relações entre elementos de figuras planas e espaciais pode desenvolver o pensamento geométrico dos alunos. Esse pensamento é necessário para investigar propriedades, fazer conjecturas e produzir argumentos geométricos convincentes. É importante, também, considerar o aspecto funcional que deve estar presente no estudo da Geometria: as transformações geométricas, sobretudo as simetrias. As ideias matemáticas fundamentais associadas a essa temática são, principalmente, construção, representação e interdependência. (Brasil, 2018, p. 271)

Idealizado pela médica e educadora Maria Montessori, o material dourado geralmente é confeccionado em madeira e, atualmente, dispõe de cubos pequenos que representam a unidade, barras que representam a dezena, placas que representam a centena e um cubo grande que representa o milhar. Essa ferramenta também pode ser utilizada para o trabalho com os conceitos de décimo, centésimo, milésimo, e assim sucessivamente.

Figura 1.1 – Material dourado

Peças 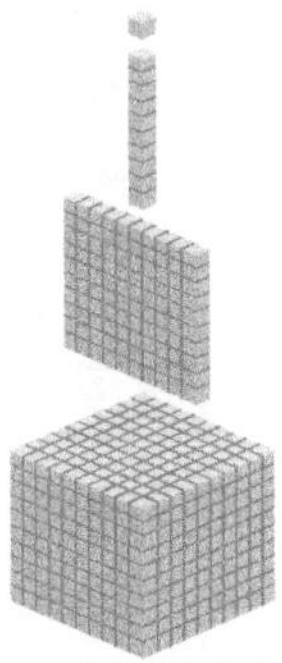	Milhar 	Centena 	Dezena 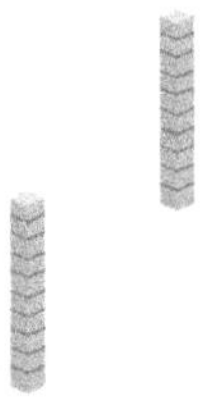	Unidade

1.3.1.2 ÁBACO

O **ábaco**, além de também utilizado na construção dos números, é usado para a realização de operações aritméticas. Esse instrumento dispõe de diversos tipos/formas, sendo o mais comum uma moldura com peças que se movimentam por meio de hastes. Cada uma das hastes corresponde a uma posição do número (unidades, dezenas etc.).

Figura 1.2 – Ábaco

InspiringMoments/Shutterstock

1.3.1.3 MAQUETE

A **maquete**, também denominada *modelo físico* (Góes; Góes, 2016), é uma representação tridimensional que possibilita a análise de planos, superfícies e volumes de um objeto ou edificação, simulando a realidade. Pode ser confeccionada com materiais físicos ou por meio de *softwares*. Na matemática, a maquete é utilizada, geralmente, com escala de redução; no mercado publicitário, a maquete em escala 1:1 (um para um) é utilizada, por exemplo, em feiras de imóveis, nas quais as construtoras apresentam réplicas de apartamentos.

Os conceitos matemáticos mais trabalhados com esse material relacionam-se à geometria, visto que a forma dos objetos representados não se altera/deforma, pois está representada em escala.

Figura 1.3 – Maquete de edificações

Konstantin Rodchanin/Shutterstock

1.3.1.4 Jogos

No ensino da Matemática, os **jogos** despertam o interesse, o desenvolvimento e a organização do raciocínio lógico, consequentemente, possibilitam uma melhor resolução de problemas matemáticos. A introdução de jogos no ambiente escolar é sugestão da BNCC (Brasil, 2018), sendo indicada desde a educação infantil como possibilidade interessante para o desenvolvimento, não somente do pensamento matemático e de habilidades específicas destinadas à resolução de problemas, mas para o desenvolvimento integral do aluno. Diversos são os jogos que podem ser utilizados no ensino, dependendo do nível deste, como os de tabuleiro (desde a educação infantil) Sudoku ou Tangram (em níveis maiores do ensino fundamental).

O Sudoku é um jogo em forma de quebra-cabeça em que as células vazias devem ser preenchidas com algarismos de 1 a 9, obedecendo à seguinte regra: nenhum algarismo deve ser repetido nas subgrades 3×3, princípio que também deve ser respeitado em relação a qualquer coluna e linha da grade 9×9. Esse jogo desenvolve o raciocínio lógico, sendo muito apreciado pelos estudantes quando compreendem o que devem fazer.

Figura 1.4 – Exemplo de Sudoku

2	1	9	5	4	3	6	7	8
5	4	3	8	7	6	9	1	2
8	7	6	2	1	9	3	4	5
4	3	2	7	6	5	8	9	1
7	6	5	1	9	8	2	3	4
1	9	8	4	3	2	5	6	7
3	2	1	6	5	4	7	8	9
6	5	4	9	8	7	1	2	3
9	8	7	3	2	1	4	5	6

yuliia_studzinska/Shutterstock

INDICAÇÕES CULTURAIS

Caso você queira compreender como os jogos podem ser aplicados no ensino de Matemática, sugerimos a leitura das seguintes obras:

RIBEIRO, F. D. **Jogos e modelagem na Educação Matemática**. Curitiba: InterSaberes, 2012.

SILVA, A. R. M. W.; GÓES, A. R. T. Jogos na educação infantil e suas contribuições ao desenvolvimento das ideias matemáticas. **Revista Cocar**, Belém, v. 15, n. 33, p. 1-20, 2021. Disponível em: <https://periodicos.uepa.br/index.php/cocar/article/view/4573>. Acesso em: 31 jan. 2023.

O **Tangram** é um jogo chinês composto de sete peças, sendo cinco triângulos (dois grandes, um médio e dois pequenos), um quadrado e um paralelogramo. Existem várias lendas sobre sua criação e origem. Além de conceitos de geometria e geometria de posição, é possível o trabalho com conceitos de álgebra, dependendo do nível de ensino dos estudantes.

A álgebra é uma das cinco unidades temática indicadas na BNCC e, segundo esta:

tem como finalidade o desenvolvimento de um tipo especial de pensamento – pensamento algébrico – que é essencial para utilizar modelos matemáticos na compreensão, representação e análise de relações quantitativas de grandezas e, também, de situações e estruturas matemáticas, fazendo uso de letras e outros símbolos. Para esse desenvolvimento, é necessário que os alunos identifiquem regularidades e padrões de sequências numéricas e não numéricas, estabeleçam leis matemáticas que expressem a relação de interdependência entre grandezas em diferentes contextos, bem como criar, interpretar e transitar entre as diversas representações gráficas e simbólicas, para resolver problemas por meio de equações e inequações, com compreensão dos procedimentos utilizados. As ideias matemáticas fundamentais vinculadas a essa unidade são: equivalência, variação, interdependência e proporcionalidade. Em síntese, essa unidade temática deve enfatizar o desenvolvimento de uma linguagem, o estabelecimento de generalizações, a análise da interdependência de grandezas e a resolução de problemas por meio de equações ou inequações. (Brasil, 2018, p. 270)

Figura 1.5 – Tangram: trabalho com álgebra – números fracionários

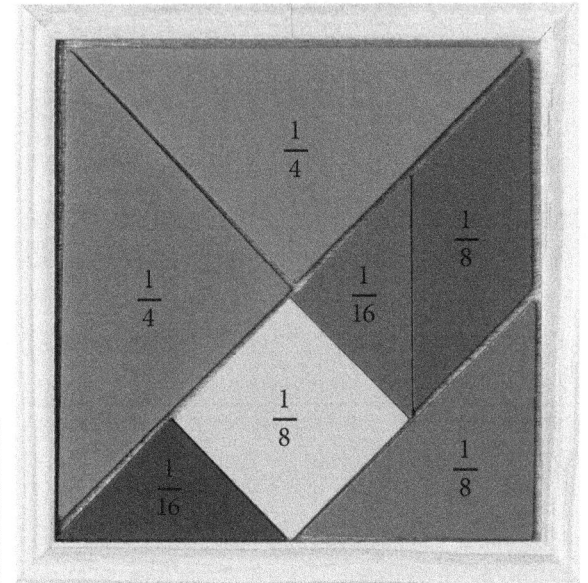

1.3.1.5 Materiais impressos diversos

Panfletos, **fôlderes** ou **folhetos** são meios de comunicação de produtos, marcas e serviços para a divulgação de suas ofertas. Trata-se de um rico material a ser utilizado no ensino de Matemática, principalmente para tratar de operações básicas. Com esses materiais, o professor pode elaborar o seguinte exemplo de atividade para os alunos.

Escolha no folheto três produtos que você compraria no mercado anunciante. Em seguida, escolha três produtos que seu responsável provavelmente compraria. Imagine que você vai fazer compras no estabelecimento. Compare o valor de sua compra com a de seu responsável e analise qual compra é mais racional e vantajosa. Justifique sua resposta.

Figura 1.6 – Panfletos

Outros materiais que podem ser utilizados em sala de aula, muito semelhantes ao apresentado, são os **talões de água e de luz**. Por meio dessas faturas, diversas perguntas podem ser realizadas para os alunos: Quanto custa um metro cúbico de água? Se o consumo de metros cúbicos aumentar em "x" vezes ou diminuir em "y" vezes, qual será o novo valor da conta?

Figura 1.7 – Talões de água e de luz

1.3.1.6 DISCO DE FRAÇÕES

O **disco de frações** é um material que auxilia na compreensão e na visualização de frações por meio da representação gráfica. Com ele, é possível desenvolver os conceitos de soma de frações e frações equivalentes.

Figura 1.8 – Disco de frações

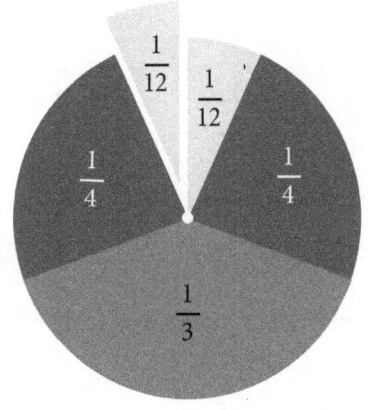

Outro material com função parecida à do anteriormente apresentado é o **material de Cuisenaire**. Ele é constituído de barras de dez comprimentos e cores diferentes.

Figura 1.9 – Material de Cuisenaire

1.3.1.7 GEOPLANO

O **geoplano** é um material formado por uma placa de madeira onde são cravados pinos de plástico ou pregos. Com ele, é possível estudar conceitos de geometria, tais como forma de figuras geométricas, áreas e perímetros.

Figura 1.10 – Geoplano

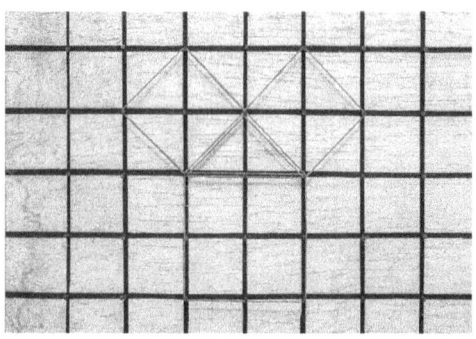

1.3.1.8 OBRAS DE ARTE

Alguns tipos de **obra de arte** podem ser utilizados no ensino da Matemática como recursos por meio dos quais os alunos podem estudar conceitos relacionados à geometria, principalmente no que se refere ao trabalho com figuras planas, linhas abertas, linhas fechadas, áreas, perímetros, entre outros temas.

Figura 1.11 – Utilização de obras de arte no ensino da Matemática

KANDINSKY, W. **Composição 8**. 1923. Óleo sobre tela: color; 140 cm × 201 cm. Museu Solomon R. Guggenheim, Nova Iorque, Estados Unidos.

Como atividades a serem desenvolvidas com a imagem anterior, os alunos podem classificar as formas geométricas em linhas abertas ou fechadas e os polígonos utilizados pelo artista. Ainda, tendo como referência um dos segmentos de reta presentes na obra, pode ser solicitada a posição relativa desse segmento de reta com outros segmentos de retas (concorrente – caso específico perpendicular – ou paralelo – caso específico coincidente). Em uma abordagem interdisciplinar, os estudantes podem buscar mais informações sobre o artista na disciplina de artes, estudo de perspectiva, composição de cores, preenchimento do plano e outros.

1.3.1.9 Sólidos geométricos

Modelos de sólidos geométricos são peças tridimensionais confeccionadas em diversos materiais cuja função é auxiliar os alunos na compreensão de conceitos de geometria espacial e plana. Trata-se de um ótimo aliado no ensino de volumes e áreas.

Figura 1.12 – Sólidos geométricos

hshii/Shutterstock

Indicação cultural

Existe uma infinidade de outros materiais manipuláveis para o ensino da matemática que poderiam ocupar inúmeros livros somente sobre esse tema. Que tal se aprofundar nesse assunto por meio da leitura do artigo "O uso de materiais manipuláveis como ferramenta na resolução de problemas trigonométricos", escrito por Darcson Capa dos Santos e Helena Noronha Cury?

SANTOS, D. C. dos; CURY, H. N. O uso de materiais manipuláveis como ferramenta na resolução de problemas trigonométricos. **VIDYA**, Santa Maria, v. 31, n. 1, p. 49-61, jan./jun. 2011. Disponível em <https://periodicos.ufn.edu.br/index.php/VIDYA/article/view/284>. Acesso em: 1º fev. 2023.

1.3.2 Expressão gráfica

Você já ouviu falar em *expressão gráfica*? Tem alguma ideia do que significa essa expressão? Talvez ela leve você a pensar somente sobre os tópicos relacionados a computadores.

Nesta seção, vamos apresentar a origem da expressão gráfica para, em seguida, indicar alguns dos elementos utilizados no processo de ensino-aprendizagem da Matemática.

Antes, porém, de iniciarmos, convém explicar o que se entende por *expressão gráfica* por meio da definição proposta por um dos autores deste livro, que analisou em sua dissertação de mestrado 436 artigos do evento GRAPHICA*, o maior desse campo de estudo realizado no Brasil.

Nas palavras de Góes (2012, p. 53), a expressão gráfica pode ser definida como

> um campo de estudo que utiliza elementos de desenho, imagens, modelos, materiais manipuláveis e recursos computacionais aplicados às diversas áreas do conhecimento, com a finalidade de apresentar, representar, exemplificar, aplicar, analisar, formalizar e visualizar conceitos. Dessa forma, a expressão gráfica pode auxiliar na solução de problemas, na transmissão de ideias, de concepções e de pontos de vista relacionados a tais conceitos.

Podemos verificar, pela definição anterior, que essa área do conhecimento é muito ampla e está presente no processo de ensino-aprendizagem de diversas disciplinas e níveis de ensino (ensinos fundamental, médio e superior).

Alguns dos recursos da expressão gráfica são: cartazes, desenhos à mão livre, desenho em perspectiva (3D), desenho geométrico, dobraduras, esboços, escultura, esquadros, fotografia, gibis, gráficos, jogos não computacionais, jornal, livros de estória, maquete, modelos (sólidos

---

*Caso queira saber mais sobre esse evento, acesse: <http://www.abeg.org.br/eventos/eventos.htm>.

geométricos, geoplano, blocos lógicos, Tangram), mural, obras de arte, pintura, régua, revistas, entre outros recursos.

Agora que temos uma definição para a expressão gráfica em mente, vamos apresentar algumas especificidades desse ramo de estudo.

A história da evolução humana mostra que, antes do desenvolvimento da fala e do uso da linguagem, o ser humano já se expressava e transmitia informações por meio de desenhos. Essa forma de manifestação jamais deixou de ser utilizada, pois o uso de imagens é universal – todas as culturas contam com seus símbolos, cada um deles carregado de significados. Por exemplo: as placas de sinalização de trânsito apresentam uma simbologia composta de formas, cores e traços concebidos a fim de serem compreendidos da forma mais universal possível. No que se refere ao campo da expressão gráfica, há diversos elementos que podem ser utilizados com a finalidade de comunicar expressões e informações: maquetes, modelos, *softwares* educacionais, entre outros.

Portanto, podemos afirmar que a expressão gráfica teve suas primeiras manifestações nas tentativas iniciais de comunicação do homem, as chamadas *pinturas rupestres* (Góes; Luz, 2009), que, ao longo dos anos, deram lugar aos registros escritos da atualidade. Convém destacarmos que, a despeito dessa evolução, o desenho, primeira forma de expressão gráfica, mantém sua importância como meio de comunicação, sendo frequentemente utilizado paralelamente à escrita.

Os primeiros registros de linguagem escrita tinham a significativa forma de desenhos: as conhecidas pinturas rupestres – encontradas em cavernas, essas representações demonstravam o cotidiano do ser humano primitivo, seus conhecimentos, seus medos e suas divindades (Luz; Schimieguell, 2005).

Ao afirmar a necessidade que a criança tem de se expressar da forma como sabe e gosta, Carvalho (2000) deixa em aberto a ideia de que o desenho pode ser usado como primeira forma de introdução de um conteúdo escolar, para, a partir de então, inserir conceitos adequados para o nível de entendimento cabível ao aluno, partindo da visão que ele tem acerca do assunto trabalhado.

Podemos verificar que existe uma tendência natural do ser humano, claramente manifestada nas crianças, de representar o que fazer por meio de desenhos. Vygotsky (1984) afirma que o desenhar é um estágio intermediário entre um pensamento e sua representação escrita; sendo assim, é necessário considerar também que, no processo de ensino-aprendizagem, o "desenhar deveria ser o estágio preparatório ao desenvolvimento da linguagem escrita" (Vygotsky, 1984, p. 34).

A **expressão gráfica é inata ao ser humano**, pois, no processo de elaboração da linguagem, a criança é sensível a essa manifestação antes mesmo que se expresse por meio de palavras. Portanto, essa expressão se constitui em um estágio intermediário entre o pensamento e sua representação escrita (Machado; Sandroni, 1987). No entanto, ao chegar à escola, a criança vai aos poucos deixando de desenvolver suas habilidades em desenho e vai sendo estimulada a representar o que vê e o que sabe por meio de palavras. Esse procedimento permanece por todo o período escolar, ficando as representações gráficas restritas à disciplina de Artes, porém, nesse caso, não como um veículo de aprendizagem, mas única e tão somente pelo desenvolvimento da técnica em si.

Para Montenegro (2001), algumas formas de expressão gráfica podem estimular conexões neurais e direcionar gradativamente a compreensão de conceitos por meio da utilização de recursos como a escrita, o desenho, o rabisco e a produção de modelos e/ou maquetes. Essa possibilidade mostra a importância da expressão gráfica na educação formal do indivíduo.

A despeito dessa característica vantajosa, Góes, Luz e Poi (2011) verificaram, por meio de sua pesquisa, que a expressão gráfica está sendo excluída das grades curriculares dos cursos de licenciatura, ou seja, os profissionais de educação obtêm seus títulos sem o devido contato com esse campo de estudo e sua respectiva importância para todo o processo pedagógico. Por isso, é importante que os educadores a resgatem no processo de ensino-aprendizagem, mostrando suas relações interdisciplinares como um instrumento facilitador na construção do conhecimento de ciências e matemática, por meio de formação continuada (Luz, 2004).

Reiteramos, assim, que a expressão gráfica está imersa no cotidiano da humanidade e contribui para o processo de ensino-aprendizagem, por isso os professores devem estar cientes desse campo de estudos.

Indicação cultural

O Grupo de Estudos e Pesquisas em Educação, Tecnologias e Linguagens (GEPETeL), da Universidade Federal do Paraná (UFPR), em que os autores deste material didático são pesquisadores, produz pesquisas em que utilizam recursos da expressão gráfica. Veja as ações e publicações dessa equipe:

GEPETeL – Grupo de Estudos e Pesquisas em Educação, Tecnologias e Linguagens. Disponível em: <http://www.gepetel.ufpr.br>. Acesso em: 6 jun. 2022.

Síntese

Neste capítulo, apresentamos um breve apanhado histórico da educação do Brasil concentrado no percurso do ensino de Matemática, abrangendo desde a época do descobrimento até os dias atuais; foi possível verificar como o ensino e o currículo da Matemática se apresentaram na história de nosso país. Na sequência, demonstramos a consolidação da Educação Matemática, recurso utilizado por pesquisadores que procuram formas de desenvolver a matemática no ambiente escolar. Além disso, elencamos alguns recursos que podem ser utilizados para a promoção da aprendizagem e do ensino dessa ciência, dando ênfase aos materiais manipuláveis e à expressão gráfica, demonstrando suas potencialidades para a dinâmica em sala de aula.

ATIVIDADES DE AUTOAVALIAÇÃO

1. Proposta em que se enxerga o aluno sob a ótica de descobridor dos conhecimentos e em que se renuncia aos processos de memorização sem raciocínio e ao abuso de enunciados com definições e regras. Esse paradigma educacional provém de discussões realizadas:

   a) no final do século IXX.
   b) entre os anos 1925 e 1935.
   c) no final do século XX.
   d) no início do século XXI.

2. A Matemática e as demais disciplinas do currículo começaram a sofrer mudanças no Brasil a partir da segunda metade do século XX. Sobre essa afirmação, **não** é correto afirmar:

   a) Era preciso definir conteúdos importantes para os meninos e para as meninas, considerando que estavam sendo preparados para o mercado de trabalho.
   b) Essas mudanças ocorreram em razão dos movimentos internacionais de educação.
   c) Indivíduos de camadas populares tiveram mais acesso ao ensino formal.
   d) Em relação à matemática, professores e pesquisadores começaram a se organizar para promover no Brasil o movimento da matemática moderna.

3. Analise as seguintes afirmações:

   I. Apesar das diretrizes atuais para o ensino da Matemática previstas na Base Nacional Comum Curricular (BNCC), muitos professores ainda acreditam que a aprendizagem da matemática se dá apenas por meio do conhecimento de algoritmos e fórmulas.
   II. Uma das finalidades da Sociedade Brasileira de Educação Matemática (SBEM) é propor debates que possibilitem mudanças na formação matemática dos futuros professores dessa área do conhecimento. Tendo esse objetivo como premissa, a instituição organiza eventos como o Encontro Nacional de Educação Matemática (Enem).

III. Conforme a metodologia utilizada pelos jesuítas, o professor deve colocar no quadro de giz tudo o que entende por importante, enquanto o aluno deve copiar esses conteúdos. Na sequência, o estudante deve resolver exercícios repetitivos na aplicação de um modelo estabelecido pelo docente. Essa metodologia já não está mais presente no ensino atual.

Assinale a alternativa correta:

a) I, II e III são verdadeiras.
b) I é falsa; II e III são verdadeiras.
c) I e III são verdadeiras e II é falsa.
d) I e II são verdadeiras e III é falsa.

4. No processo de ensino-aprendizagem da Matemática, é correto afirmar:

a) Podemos utilizar recursos como os materiais manipuláveis, pois, por meio deles, conseguimos fazer com que diversos alunos "visualizem" conceitos abstratos.
b) A história da matemática serve apenas para ilustrar como os conceitos foram construídos pelos seres humanos, o que não traz motivação aos alunos para o ensino e a aprendizagem da Matemática.
c) As tendências de ensino e aprendizagem em Educação Matemática devem ser utilizadas separadamente. Por exemplos: se estamos trabalhando com as tecnologias educacionais, não podemos utilizar as investigações matemáticas.
d) A expressão gráfica só está presente no ensino de Matemática em escolas que contam com laboratório de informática.

5. Sobre a expressão gráfica, **não** é correto afirmar:

a) Pode estimular conexões neurais e direcionar gradativamente a compreensão de conceitos por meio da utilização de recursos como a escrita, o desenho, o rabisco e a produção de modelos e/ou maquetes. Essa especificidade mostra a importância desse campo de estudos na educação formal do indivíduo.

b) Podemos utilizar os recursos desse campo de estudos como forma de introdução de um conteúdo/conceito escolar, a fim de, por meio deles, inserir conceitos adequados para o nível de entendimento cabível ao aluno, partindo da visão de que ele já dispõe de conhecimento acerca do assunto trabalhado.

c) Por se caracterizar também pela utilização de imagens como forma de comunicação, a expressão gráfica perdeu sua importância e dificilmente é utilizada juntamente com a escrita.

d) A expressão gráfica é inata ao ser humano, pois, no processo de elaboração da linguagem, a criança é sensível a essa manifestação antes mesmo que se expresse por meio de palavras. Portanto, essa expressão se constitui em um estágio intermediário entre o pensamento e sua representação escrita.

Atividades de aprendizagem

Questões para reflexão

1. Uma das grandes dificuldades apresentadas por alunos da educação básica é a ausência de compreensão dos conceitos de área e perímetro. Assim, relacione os materiais manipuláveis apresentados neste capítulo que podem ser utilizados no processo de ensino-aprendizagem desses conceitos e justifique sua escolha.

2. Neste capítulo, você verificou como os recursos da expressão gráfica podem ser inseridos na prática pedagógica para o ensino de Matemática. Indique uma possível contribuição desse campo de estudo para a compreensão de conceitos matemáticos.

Atividades aplicadas: prática

1. Um dos materiais manipulativos que podem ser utilizados na educação básica é o Tangram. Você sabe o que é um Tangram? Já construiu algum? Como afirmamos neste capítulo, o Tangram é um quebra-cabeça formado por sete peças (cinco triângulos, um

quadrado e um paralelogramo) partindo de um quadrado. Telles, Góes e Colaço (2011) apresentam uma forma de construí-lo por meio de dobraduras, explorando conceitos do 6º ano.

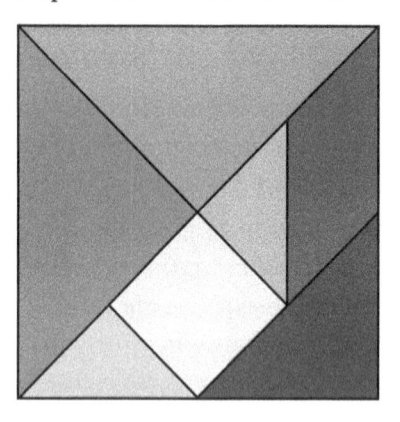

2. Para verificar sua aprendizagem, sugerimos que você elabore um plano de aula para cada ano do ensino fundamental e do ensino médio explorando esse material manipulável. Essa atividade fará com que você perceba a versatilidade desse material, uma vez que ele geralmente é explorado nos anos iniciais do ensino fundamental.

Conhecimento Matemático

Neste capítulo, apresentamos os conteúdos referentes ao estudo sobre as **teorias de aprendizagem**, a epistemologia genética e a construção do pensamento matemático. Também vamos contemplar a construção do conceito de número, bem como aspectos afetivos relacionados ao ensino de conceitos matemáticos.

Você sabe em que consiste uma teoria de aprendizagem? Tem consciência do número de estudiosos envolvidos em sua elaboração e dos que ainda se aprofundam nesse tema?

É sobre essas e outras perguntas que nos debruçaremos neste capítulo, apresentando a essência das teorias de aprendizagem elencadas nesta obra.

2.1 Uma breve discussão sobre as teorias de aprendizagem

As teorias de aprendizagem, na educação e na psicologia, podem ser definidas como os diferentes modelos que buscam explicar o processo de aprendizagem dos indivíduos.

Apesar de termos notícia da existência de teorias da aprendizagem na Grécia Antiga (que serão apresentadas de forma sucinta neste capítulo), podemos perceber, por meio da análise de diversos documentos oficiais e diversas Diretrizes Curriculares Municipais, que as de maior destaque na educação contemporânea são a de **Jean Piaget** e a de **Lev Vygotsky**. Também, as teorias de Piaget e Vygotsky são percebidas na Base Nacional Comum Curricular (BNCC) de forma relacionada, pois, em linhas gerais, esse documento indica que a aprendizagem ocorra de maneira que o aprendiz teça relações com o meio, trazendo indícios da teoria de Vygotsky; por outro lado, a BNCC divide os conteúdos conforme a maturação dos aprendizes, por faixa etária, para que consigam construir sua aprendizagem, o que nos remete à teoria de Piaget.

2.1.1 Teoria comportamentalista

Podemos iniciar a apresentação dessas teorias descrevendo o **pensamento comportamentalista**, de acordo com o qual o principal objeto de estudo da psicologia é a relação entre o organismo e o ambiente. Ainda que esse pensamento, também conhecido como ***behaviorismo***, tenha o fundamento nas pesquisas pioneiras de John B. Watson (1878-1958) e Ivan Petrovich Pavlov (1849-1936), a criação de seus princípios surgiu com a contribuição do psicólogo **Burrhus Frederic Skinner** (1904-1990).

INDICAÇÃO CULTURAL

Caso você queira saber um pouco mais sobre o pensamento comportamentalista, recomendamos a seguinte leitura:

BAUM, W. M. **Compreender o behaviorismo**: comportamento, cultura e evolução. Tradução de Maria Teresa Araujo Silva, Maria Amelia Matos e Gerson Yukio Tomanari. Porto Alegre: Artmed, 2005.

Skinner propõe o conceito de **"condicionamento operante"**, elaborado mediante experiências realizadas com ratos em laboratório por meio de um equipamento conhecido como a *caixa de Skinner*. Nesse experimento, o estudioso recompensava um comportamento positivo e impunha algo desagradável quando o comportamento do espécime não era o esperado (ou negativo). A frequência desse comportamento aumentava ou reduzia dependendo de como era programada a intervenção.

Vamos ver um exemplo?

Se você se preparou para uma avaliação, estudou muito, e o resultado obtido foi uma boa nota (ou um bom conceito), de acordo com a teoria behaviorista de aprendizagem, esse incentivo o induzirá a estudar cada vez mais. Por outro lado, uma nota ruim lhe trará desânimo, o que pode indicar que a maneira como estudou (o comportamento) não foi a adequada.

INDICAÇÃO CULTURAL

Para saber um pouco mais sobre a Caixa de Skinner, acesse o seguinte material:

FACULDADE INTEGRADA TIRADENTES. **Caixa de Skinner**. Disponível em: <https://www.youtube.com/watch?v=L6jUd8uCTCc>. Acesso em: 1º fev. 2023.

2.1.2 Teorias epistemológica e histórico-cultural

No mesmo período em que Skinner desenvolvia seus experimentos, Jean Piaget (1896-1980) realizava suas pesquisas em psicologia. Em 1919, nas cidades de Zurich e Paris, Piaget desenvolveu um trabalho com foco na natureza do conhecimento humano, no qual elaborou uma teoria da inteligência sensório-motriz que descreve o desenvolvimento espontâneo de uma inteligência prática, com base na ação, que é formada por meio dos conceitos iniciais que as crianças têm dos objetos à sua volta. Para isso, o pesquisador realizou suas observações durante o crescimento de seus filhos.

A teoria de Piaget é conhecida como *epistemologia genética ou psicogenética*, que descreve as sucessivas mudanças do processo de cognição do indivíduo de acordo com seu estágio do desenvolvimento mental. Assim, o professor deve apresentar as propostas metodológicas conforme o nível mental da criança, pois cada etapa do desenvolvimento dela pressupõe uma forma diferente de aprender (Piaget, 1970).

Segundo Piaget (1970), o método psicogenético apresenta quatro linhas fundamentais:

1. **Situação-problema** – É o desafio da pesquisa; também pode ser entendida como a descoberta e a invenção.

2. **Dinâmica de grupo** – O ambiente mais estimulante é o grupo, que auxilia na construção da solidariedade, mantendo a individualidade.

3. **Tomada de consciência** – Tomar consciência dos fatores utilizados para realizar uma atividade é uma maneira de construir a consciência social.

4. **Avaliação** – É o processo que define de maneira permanente o desenvolvimento.

Indicação cultural

Caso você deseje mais aprofundamento sobre a teoria de Piaget, recomendamos as experiências da autora Iris Barbosa Goulart sobre o tema:

GOULART, I. B. **Piaget**: experiências básicas para utilização pelo professor. 27. ed. Petrópolis: Vozes, 2011.

A contribuição de Jean Piaget é fundamental para quem considera a teoria comportamentalista insuficiente para explicar como a aprendizagem e o desenvolvimento acontecem. Assim, dedicaremos uma seção para explicar sua teoria com maiores detalhes.

Outro grande pesquisador sobre teorias de aprendizagem foi **Lev Vygotsky** (1896-1934), dedicando seus estudos à psicologia evolutiva, à educação e à psicopatologia. Além de seus estudos na área de aprendizagem, também é conhecido nas ciências sociais, na filosofia, na linguística e na literatura, uma vez que sua teoria enfatiza **o processo histórico-social e a importância da linguagem no desenvolvimento cognitivo do indivíduo**. O pesquisador acreditava que o pensamento e a linguagem convergiam em conceitos úteis que auxiliavam no pensamento (Vygotsky, 1984).

No ambiente da sala de aula, o desenvolvimento do aluno, de acordo com Vygotsky, acontece em momentos que favorecem a interação social, ocorrendo por meio da fala dos professores com as crianças. Esse relacionamento estimula a criança a se expressar, oralmente e por meio da escrita, e o diálogo entre as pessoas que compõem o grupo. Assim, a questão central para o estudioso bielorrusso é a aquisição de conhecimento por meio da interação do sujeito com o meio (aqui entendido como um conjunto de elementos e/ou indivíduos), uma vez que o indivíduo é interativo, pois adquire conhecimentos com as relações intra e interpessoais e com a troca com o meio, a partir da mediação.

Essa apropriação do conhecimento parte da ideia de que a criança tem a necessidade de atuar de forma eficaz e com independência, bem como tem a capacidade para desenvolver o estado mental de funcionamento superior ao interagir com a cultura. Assim como Piaget, Vygotsky afirma que a criança tem um papel ativo no processo de aprendizagem, porém não único.

Indícios da teoria do Vygotsky podem ser verificados na BNCC, pois o documento afirma que a aprendizagem dos estudantes deve contemplar o cotidiano do aprendiz na interação com o meio, ou seja, o contexto social.

Indicação cultural

Entenda um pouco mais da teoria de Vygotsky lendo a seguinte obra de Teresa Cristina Rego:

REGO, T. C. **Vygotsky**: uma perspectiva histórico-cultural da educação. Petrópolis: Vozes, 1995.

2.1.3 Teoria do desenvolvimento humano

Outra teoria de aprendizagem de grande importância é a elaborada por **Henri Wallon** (1879-1962), que se dedicou a estudar e conhecer a infância e os caminhos da inteligência nessa fase. Seus estudos afirmam que o desenvolvimento intelectual envolve fatores relacionados à **memória** e à **instrução**, e não somente ao fato de que o cérebro confronta e desestabiliza as convicções, numa época em que o estímulo da memória e a instrução eram os fatores essenciais na construção do conhecimento.

Esse pesquisador foi o primeiro a verificar as emoções das crianças dentro da sala de aula, considerando quatro elementos: a afetividade, o movimento, a inteligência e a formação do eu como pessoa. Entre suas afirmações, a principal é a que "reprovar" é indicativo de "expulsar, negar, excluir", ou seja, é a própria negação do ensino (Wallon, 1986).

Portanto, podemos perceber que a proposta de Wallon direciona-se ao **desenvolvimento intelectual mais humanizado**, cuja abordagem considera a pessoa como um todo. Por exemplo: em uma sala de leitura, de acordo com a perspectiva do estudioso francês, a criança pode estar sentada, deitada ou realizando coreografias relacionadas à história contada pelo professor. Os temas e as disciplinas não estão restritos ao trabalho com o conteúdo, compreendendo também o auxílio à criança na descoberta do eu no outro (Wallon, 1986).

Indicação cultural

Como leitura complementar sobre essa teoria, sugerimos a seguinte obra:

WALLON, H. **A criança turbulenta**: estudo sobre os retardamentos e as anomalias do desenvolvimento motor e mental. Tradução de Gentil Avelino Titton. Petrópolis: Vozes, 2007.

2.1.4 Teoria da aprendizagem significativa

A última teoria de aprendizagem sobre a qual teceremos breves comentários é a de David Ausubel (1918-2008), denominada *aprendizagem significativa*, a qual procura explicar os mecanismos internos que acontecem na mente dos seres humanos em relação ao aprendizado e, também, à estruturação do conhecimento.

Ao realizar um estudo mais completo dessa teoria, você poderá verificar que alguns de seus pontos principais são explorados de forma semelhante à abordagem teórica de Piaget, porém, em outros momentos, são bastante divergentes.

Essa teoria concentra-se principalmente em uma proposta concreta para o dia a dia acadêmico, valorizando a aprendizagem por descoberta em detrimento da aula do tipo expositiva. Ainda considera o conhecimento prévio que o indivíduo detém como um ponto de início para estabelecer um novo conhecimento (Moreira; Masini, 1982).

Indicações culturais

Caso você queira saber mais sobre as teorias de aprendizagem, indicamos as seguintes leituras:

LAKOMY, A. M. **Teorias cognitivas da aprendizagem**. 2. ed. Curitiba: InterSaberes, 2008.

LEAL, D.; NOGUEIRA, M. O. G. **Teorias da aprendizagem**: um encontro entre os pensamentos filosófico, pedagógico e psicológico. Curitiba: InterSaberes, 2013.

RATIER, R. Teorias da aprendizagem. **Revista Nova Escola**, n. 237, nov. 2010. Disponível em: <https://novaescola.org.br/conteudo/1940/teorias-da-aprendizagem>. Acesso em: 1º fev. 2023.

As teorias de aprendizagem que apresentamos podem ser denominadas ***clássicas***. É evidente que existem outras, e provavelmente há algumas em construção, uma vez que a pesquisa sobre "como o ser humano aprende/compreende/constrói" um conceito ainda é objeto de estudo.

Na próxima seção, daremos destaque à epistemologia genética.

2.2 Epistemologia genética e construção do pensamento matemático

A epistemologia genética apresentada por Piaget é baseada essencialmente na inteligência e na construção do conhecimento, buscando analisar esse processo sob um ponto de vista tanto individual quanto grupal.

Indícios dessa teoria estão presentes na BNCC quando o documento organiza o conhecimento matemático conforme a faixa etária dos estudantes, o que compreendemos como a organização dos estágios do desenvolvimento, que veremos no decorrer desta seção, propostos pela epistemologia genética. Isso ocorre em razão da maturação do estudante em construir seu conhecimento ao tecer relações com objetos, pois, segundo a teoria, o conhecimento só ocorrerá por meio dessas relações.

Piaget tinha sua preocupação voltada à capacidade do conhecimento humano. Em sua abordagem, ele verificou que é a criança quem mais constrói conhecimento de forma perceptível. Por isso, suas observações e pesquisas mais conhecidas são voltadas para a construção do conhecimento na fase infantil, nas quais o pesquisador evidencia a interação do sujeito com o meio em que vive. De acordo com Kesselring (1993, p. 9), Piaget observou, por meio de influências da psicopatologia, da psicanálise, da filosofia e da lógica, que, "no estudo da inteligência infantil, a biologia se vincula à filosofia das ciências naturais". Tendo essa afirmação em mente, Piaget buscou respostas para sanar os questionamentos sobre como se desenvolvem as estruturas do conhecimento humano e do pensamento.

Neste ponto do texto, podemos afirmar que, por meio de suas pesquisas, Piaget construiu uma das mais completas teorias do desenvolvimento intelectual: a epistemologia genética, uma vez que seus estudos envolviam do período em que a criança está no berço até a idade adulta.

Um dos pontos centrais dessa teoria é a explicação da ordem em que as diferentes capacidades cognitivas se dão. O fato de a formação de capacidade cognitiva ocorrer em períodos subsequentes é decorrente das competências que passam a ser adquiridas pelo sujeito durante sua vida. Portanto, o conhecimento não é concebido como algo já existente, seja nas características do objeto a ser compreendido, seja nas estruturas internas do sujeito (Piaget, 1970).

Os estudos de Piaget questionam as teorias behavioristas, etologistas, empiristas e aprioristas pelas razões que veremos a seguir.

Ao não acreditar que os processos de aprendizagem pudessem ser estudados com base em condições rígidas e por defender a existência de fases da infância para a aprendizagem de certos conceitos, Piaget demonstrava ser avesso ao behaviorismo.

Por discordar dos defensores da biologia do comportamento, que afirmavam que todo comportamento, assim como todo conhecimento, tem por base capacidades inatas, Piaget discordava do etologismo.

Por acreditar que o conhecimento não está fundado apenas em experiência sensorial, Piaget discordava do empirismo.

Por colocar em questão a teoria de que o conhecimento se dá por meio do empenho do sujeito autônomo na construção do conhecimento, de forma ativa, em vez de esse conhecimento proceder da experiência, Piaget não concordava com os aprioristas.

Indicações culturais

Sobre a etologia, sugerimos a seguinte leitura:

TONI, P. M. de et al. Etologia humana: o exemplo do apego. **Psico-USF**, v. 9, n. 1, p. 99-104, jan./jun. 2004. Disponível em: <http://www.scielo.br/pdf/pusf/v9n1/v9n1a12.pdf>. Acesso em: 1º fev. 2023.

Caso queira se aprofundar nos temas do empirismo e do apriorismo, sugerimos a leitura do capítulo 1 da seguinte dissertação:

FERREIRA, E. A. S. **Ensino e aprendizagem no ensino médio**: percepção de alunos de um colégio estadual de Santo Antônio da Platina – PR. Dissertação (Mestrado em Educação) – Universidade Estadual de Maringá, Paraná, 2009. Disponível em: <http://www.ppe.uem.br/dissertacoes/2009/2009_elaine_antunes.pdf>. Acesso em: 25 dez. 2022.

Piaget sugere que há a evolução natural-cognitiva da aquisição de conhecimento, compreendida em quatro estágios, descritos sucintamente a seguir (Piaget, 1970):

> **Sensório-motor (0-2 anos)** – Quando nasce, o bebê apresenta padrões de comportamento, como sugar e agarrar. As modificações e o desenvolvimento do comportamento ocorrem por meio das interações desses padrões inatos com o meio ambiente. O recém-nascido passa a construir esquemas para assimilar o que está à sua volta. Seu conhecimento é privado e não influenciado pela experiência de outras pessoas.
>
> **Pré-operatório (2-7 anos)** – Essa fase é dividida em dois períodos – o da inteligência simbólica (capacidade de substituir um objeto por uma representação), que acontece dos 2 aos 4 anos, e o período

intuitivo (a criança utiliza a percepção que tem dos objetos, e não da imaginação), dos 4 aos 7 anos.

Operatório concreto (7-11 anos) – A pessoa fortalece as conservações de número, substância, volume e peso, desenvolve noções de causalidade, ordem, tempo, espaço e velocidade e organiza o mundo de forma lógica e operatória, sendo capaz de estabelecer compromissos e compreender regras.

Operatório formal (11-15 anos) – o indivíduo alcança seu nível cognitivo mais elevado no período formal, tornando-se apto a aplicar o raciocínio lógico em diferentes classes de problema.

Perceba que essas quatro fases são a base de organização dos conceitos matemáticos ensinados e aprendidos no ambiente escolar. Na educação infantil (fase pré-operatória), os professores/educadores trabalham com diversos materiais para o desenvolvimento da inteligência simbólica e intuitiva, como os blocos lógicos, empregados para a percepção de formas e grandezas. No período operatório concreto (anos iniciais do ensino fundamental), os alunos trabalham com diversos materiais concretos; nesse estágio, abstrações matemáticas são evitadas; assim, são utilizados objetos como o material dourado para a construção do número. Nos anos finais do ensino fundamental e no ensino médio, os alunos estão no período operatório formal, por isso, são trabalhados diversos tipos de problemas nesse nível de ensino que demandam muito raciocínio lógico, além dos conceitos mais abstratos da matemática, como conceitos de polinômios e aplicação de teoremas (de Tales, de Pitágoras, entre outros), geralmente sem a utilização de materiais concretos.

Independentemente do estágio cognitivo em que o ser humano se encontre, a apropriação do conhecimento acontece por meio da relação entre sujeito e objeto em três processos (Piaget, 1970):

1. **Assimilação generalizadora** – Ocorre quando, no indivíduo, os esquemas estruturantes são modificados; assim, a pessoa passa a assimilar novos objetos da realidade em função do todo.

2. **Assimilação reconhecedora** – Capacidade dos indivíduos de buscar, por meio de seus esquemas estruturantes, objetos de forma seletiva ou mais características dos objetos. Estes são baseados apenas na construção lógico-matemática de um efetivo sujeito do conhecimento.

3. **Assimilação recíproca** – Refere-se a dois ou mais esquemas que se misturam em uma totalidade generalizadora de maior hierarquia. Para Piaget, só podemos nos aproximar da estrutura de coisas por meio das aproximações sucessivas, jamais definitivas.

Voltando a relacionar a teoria de Piaget à escola, percebemos que, em muitas instituições brasileiras, as práticas pedagógicas estão enraizadas na ideia de que o docente, considerado o agente do processo educativo, ensina por meio da transmissão de conhecimentos aos alunos, esquecendo que, de acordo com o epistemólogo suíço Piaget (1970), o aluno precisa construir seu próprio conhecimento. Essa postura diante do conhecimento e do aluno leva a escola a assumir um papel autoritário, no qual o professor passa a ser o centro do processo de aquisição do saber e o aluno precisa simplesmente reproduzir o que foi transmitido.

Acreditamos que você tenha vivenciado essa situação, mas queremos que saiba que esse modelo de escola tradicional está deixando de existir gradativamente e concepções relacionadas à epistemologia genética estão sendo cada vez mais adotadas.

> Você sabia que, na Grécia Antiga, somente os escribas tinham acesso ao conhecimento formal? Eles eram considerados homens especiais, pois eram os únicos com a capacidade de decifrar os conhecimentos geométricos a aritméticos – muito complexos para a maioria da população.

Esse fenômeno ocorre em razão dos estudos científicos desenvolvidos na área da educação, os quais demonstram que o conhecimento é o resultado de uma relação, na qual o aluno deixa de ser passivo e passa a ser ativo, uma vez que interage com o meio. Dessa forma, você deve estar ciente de que muitas mudanças estão acontecendo no cenário educacional, mesmo de forma discreta. É evidente a busca por uma escola em que professor e aluno privilegiem, num processo de interação constante, o diálogo, a crítica, os questionamentos, o aprender a ser e o aprender a fazer (Delors, 2001). Essa postura tem a finalidade de formar integralmente um ser humano e promover uma relação igualitária entre o sentir e o pensar.

A construção histórica do conhecimento matemático tem origem na tentativa do homem de compreender seu mundo.

Na Grécia Antiga, a escola pitagórica contribuiu muito para o pensamento matemático, pois era formada pelos aristocratas, que defendiam a ideia de que o número era a essência de tudo que existe. Essa escola foi responsável pela criação da ideia de que os homens que trabalham com os conceitos matemáticos são superiores aos demais.

Indicação cultural

Aprofunde-se sobre o tema das escolas pitagóricas por meio da seguinte leitura:

SANTOS FILHO, E. A. dos. **Alguns tópicos da Escola Pitagórica**. 58 f. Dissertação (Mestrado em Matemática em Rede Nacional) – Universidade Federal da Bahia, Salvador, 2016. Disponível em: <https://repositorio.ufba.br/bitstream/ri/23308/1/Disserta%c3%a7%c3%a3o_Euclides.pdf>. Acesso em: 1º fev. 2023.

Atualmente, é notória a ideia de que poucos conseguirão se apropriar do conhecimento matemático, pois existe uma barreira que o aluno cria em relação à matemática, ou, melhor dizendo, cria um preconceito em relação à disciplina, visto que muitos já chegam à escola acreditando que a matemática é a ciência mais complicada de se compreender.

Como nosso objetivo nesta obra é que você entenda qual é sua função como professor de Matemática, apresentamos alguns pontos sobre as relações existentes entre a teoria de Piaget e o ensino dessa disciplina.

Sabemos que a matemática surgiu por meio da interação do ser humano com sua realidade, de seu anseio de compreender como se encaixava no ambiente à sua volta e de saber como atuar nele. É na escola que podemos aplicar a teoria de Piaget, oferecendo aos alunos a possibilidade da construção de seu conhecimento, seja por meio de materiais manipuláveis, seja pelas tendências em Educação Matemática – tópicos que serão estudados no Capítulo 4 desta obra.

A matemática está presente em campos de conceitos abstratos e suas inter-relações. O matemático utiliza raciocínios e cálculos com a finalidade de demonstrar suas afirmações, utilizando modelos e exemplos reais. Seus conceitos e resultados estão presentes no mundo real e encontram muitas aplicações em outras áreas do conhecimento, como a física, a química e a astronomia.

Mesmo em seu nível mais básico, podemos afirmar que as características mais específicas da matemática são: precisão, abstração, rigor lógico, um vasto campo de aplicações na sociologia, psicologia, medicina, antropologia e economia. Por sua vez, essas ciências contribuem com conceitos, linguagem e atitudes que auxiliam no desenvolvimento do conhecimento matemático.

Os eixos matemáticos geometria e aritmética, por exemplo, surgiram com base em conceitos interligados, que, por sua vez, viabilizaram o surgimento da álgebra, evento que demarcou uma ruptura com os aspectos da matemática pura e possibilitou a sistematização dos conhecimentos matemáticos, dando origem a campos do conhecimento como geometria projetiva, geometria analítica, álgebra linear, entre outros.

Podemos concluir, nesta seção, que o conhecimento matemático se desenvolve de acordo com um processo repleto de conflitos entre muitos elementos, tais como: concreto e abstrato, geral e particular, informal e formal, finito e infinito, contínuo e discreto.

2.3 Construção do conceito de número

A construção do número é um assunto que merece atenção, principalmente por parte dos professores que ensinam Matemática nos anos iniciais do ensino fundamental. A BNCC se refere a esse assunto apresentando considerações que veremos a seguir.

No processo da construção da noção de número, os alunos precisam desenvolver, entre outras, as ideias de aproximação, proporcionalidade, equivalência e ordem, noções fundamentais da Matemática. Para essa construção, é importante propor, por meio de situações significativas, sucessivas ampliações dos campos numéricos. No estudo desses campos numéricos, devem ser enfatizados registros, usos, significados e operações. (Brasil, 2018, p. 268)

Você pode estar se perguntando: "Por que estudar esse tópico se meu objetivo é ministrar aulas de Matemática nos anos finais do ensino fundamental e do ensino médio?".

A razão é simples: saber como ocorre a construção do número no indivíduo auxilia o educador na compreensão das dificuldades de aprendizagem dessa ciência, uma vez que muitos alunos chegam aos anos finais do ensino fundamental sem saber construí-lo.

Sobre a unidade temática Números nos anos iniciais do ensino fundamental, a BNCC indica que

a expectativa em relação a essa temática é que os alunos resolvam problemas com números naturais e números racionais cuja representação decimal é finita, envolvendo diferentes significados das operações, argumentem e justifiquem os procedimentos utilizados para a resolução e avaliem a plausibilidade dos resultados encontrados. No tocante aos cálculos, espera-se que os alunos desenvolvam diferentes estratégias para a obtenção dos resultados, sobretudo por estimativa e cálculo mental, além de algoritmos e uso de calculadoras.

Nessa fase espera-se também o desenvolvimento de habilidades no que se refere à leitura, escrita e ordenação de números naturais e números racionais por meio da identificação e compreensão de características do sistema de numeração decimal, sobretudo o valor posicional dos algarismos. Na perspectiva de que os alunos aprofundem a noção de número, é importante colocá-los diante de tarefas, como as que envolvem medições, nas quais os números naturais não são suficientes para resolvê-las, indicando a necessidade dos números racionais tanto na representação decimal quanto na fracionária. (Brasil, 2018, p. 268-269)

Essa área do conhecimento pode ser considerada **criativa**, uma vez que permite que cada pessoa construa seus conceitos de acordo com seu desenvolvimento, e **criadora**, pois é a base para outras áreas. É muito provável que o ensino de matemática tenha sido uma das áreas em que mais inovações pedagógicas aconteceram graças à teoria piagetiana.

> Piaget e Szeminska (1975, p. 15) afirmam: "não basta de modo algum à criança pequena saber contar verbalmente 'um, dois, três etc.' para achar-se na posse do número". Em outras palavras, memorizar apenas não basta, é preciso compreender o número, principalmente como representação de quantidade.

De acordo com a epistemologia genética, apresentada anteriormente, a interação entre o sujeito e o objeto é essencial para que ocorra a aprendizagem. Assim, para construir a noção de número, é necessário conservá-lo como quantidade, ainda que seja alterada a distribuição espacial dos elementos levados em consideração. Por exemplo: imagine que sobre uma mesa estão dispostas 5 unidades de tampinhas coloridas de garrafas. Mesmo que alteremos a ordem espacial (a posição dos objetos sobre a mesa), a quantidade permanece sendo 5 unidades. Com isso, a criança passa a perceber que a quinta tampinha não é equivalente a 5 unidades, o conjunto delas sim (Figura 2.1).

Figura 2.1 – Exemplo de interação do indivíduo com o objeto

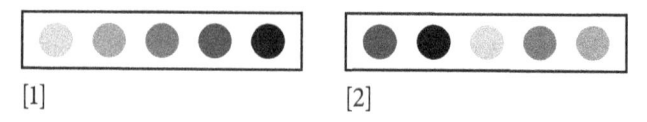

[1] [2]

Notas: [1] Posição inicial das tampinhas.
[2] alteração da posição espacial das tampinhas.

A construção do número ocorre paralelamente ao desenvolvimento da própria lógica. O período pré-lógico indica um período pré-número, ou seja, a construção do número acontece por meio da inclusão e da seriação de elementos, atividade que resulta na obtenção da totalidade operatória do conjunto dos números inteiros (Piaget; Szeminska, 1975).

Conforme Kamii (1990), o número é uma relação criada mentalmente por cada indivíduo, ou seja, não podemos ensinar o número, uma vez que é uma construção interna que ocorre por meio de comparações entre quantidades iguais ou diferentes. Assim, é importante que a criança, quando faz a contagem, tenha uma ordem estabelecida para contar cada elemento uma única vez.

Então, é só isso? Não!

Na aprendizagem da matemática, bem como na construção do número, é essencial que a criança se aproprie de conceitos que vêm antes da escrita do número propriamente dito, ou seja, a construção dos conceitos de **seriação**, **classificação** e **inclusão**. Além disso, a criança precisa considerar a inclusão hierárquica. Esses conhecimentos são necessários para que o número tenha significado e sua construção seja ordenada. Por exemplo: se a criança já conhece a quantidade (número) 3, para construir o próximo número, ela deve incluir uma unidade, obtendo assim o 4. Além da construção, a criança já terá a noção de que 4 é maior que 3. Esse processo deve acontecer sucessivamente.

"Enfatizamos que a não compreensão do número é um dos motivos para as principais dificuldades matemáticas apresentadas por crianças nos anos iniciais" (Vergnaud, 2009).

Portanto, você, como professor, terá um papel indispensável no processo de ensino-aprendizagem do aluno, levando-o a reconstruir modelos matemáticos aprendidos anteriormente em situações diferenciadas e, assim, possibilitando a compreensão do início da representação numérica e da sua utilização em resoluções de problemas.

Nessa fase de construção dos números, a **ludicidade** é primordial. Existem várias formas de inserir esse aspecto metodológico para conduzir a criança à interação, ao conhecimento, à vivência de jogos que promovam a habilidade mental e o desenvolvimento da aprendizagem por meio da brincadeira, permitindo assim uma aprendizagem significativa e prazerosa. De acordo com Piaget, citado por Wadsworth (2003, p. 14), "pelo fato de o jogo ser um meio tão poderoso para a aprendizagem das crianças, em todo o lugar onde se consegue transformá-lo em iniciativa de leitura ou ortografia, observa-se que as crianças se apaixonam por essas ocupações antes tidas como maçante".

A matemática também possibilita melhor compreensão de mundo e suas diferentes representações. Os números representam quantidades, e o simples contar exige habilidades cognitivas, uma vez que é necessário mantermos um mecanismo lógico que nos possibilite contar cada um dos objetos sem deixar nenhum fora da contagem. Concomitantemente a esse processo, devemos ter o cuidado de verificar se o elemento foi contado uma única vez.

Ao fim do procedimento descrito anteriormente, obtemos o número que representa a quantidade total de objetos que formam determinado conjunto, ou seja, uma representação numérica que implica a comparação de quantidades.

Indicações culturais

Sobre a construção do número, sugerimos a seguinte leitura:

LOPES, S. R.; ALMEIDA, S. V. de; VIANA, R. L. **A construção de conceitos matemáticos e a prática docente**. Curitiba: InterSaberes, 2005.

Um material manipulável que podemos indicar para a construção do número e que pode ser utilizado de acordo com a teoria de Piaget é o chamado material dourado, *desenvolvido pela médica e educadora Montessori. Veja um pouco mais sobre o material dourado e sobre o trabalho de Maria Montessori acessando o seguinte texto:*

SILVEIRA, J. A. da. Material dourado de Montessori: trabalhando com os algoritmos da adição, subtração, multiplicação e divisão. **Ensino em Re-Vista**, v. 6, n. 1, p. 47-63, jun. 1998. Disponível em: <http://www.seer.ufu.br/index.php/emrevista/article/viewFile/7836/4943>. Acesso em: 2 fev. 2023.

2.4 Afetividade no ensino de conceitos matemáticos

Muitos são os fatores relacionados ao desenvolvimento cognitivo dos seres humanos – sociais, psicológicos, biológicos e afetivos. Este último é o tema que estudaremos nesta seção. Demonstraremos como o envolvimento lógico-matemático está interligado com a afetividade, como um estímulo para a formação de estruturas cognitivas.

A vivência que temos no ambiente escolar da educação básica permite afirmar que muitos professores não se importam com os problemas que as crianças enfrentam fora de sala de aula. Muitas vezes, esses problemas/essas dificuldades interferem no processo de aprendizagem dos educandos, e os educadores, por sua vez, insistem em não saber o fator gerador, mesmo que o profissional perceba, por exemplo, que a criança vem apresentando sintomas de baixa autoestima. O aprendizado depende do meio, e este influencia a habilidade do pensamento lógico e intelectual; portanto, a interação negativa do estudante com seu entorno pode dificultar a compreensão de conceitos.

Diversos são os fatores para as dificuldades de aprendizagem, que vão desde ambientes familiares inapropriados, caracterizados por condições insuficientes de sobrevivência (em comunidades humildes), regras muito rígidas (em famílias de perfil tradicionalista), atitudes depreciativas (como quando uma criança é comparada a um familiar que apresenta um raciocínio lógico mais aguçado), ausência de limites (núcleos familiares em que os responsáveis são ausentes e displicentes), entre outras deficiências.

A aprendizagem é um processo contínuo, que ocorre além da escola por toda a vida do indivíduo. O aprendizado acontece desde o nascimento até a morte, e cada pessoa tem um ritmo característico para compreender conceitos, sejam escolares/científicos, sejam do cotidiano. Conforme vamos nos desenvolvendo, passamos a construir nossa aprendizagem graças às nossas experiências, bem como a organizar esquemas novos e, até mesmo, reorganizar conhecimentos que já internalizamos, em um processo de estruturação cumulativa no qual o meio tem grande influência. Para Wadsworth (2003), os esquemas cognitivos estão em constante mudança, uma vez que são estruturas mentais por meio das quais os indivíduos se adaptam e se organizam no meio em que estão inseridos.

> Do ponto de vista conceitual, é desta maneira que se processam o crescimento e o desenvolvimento cognitivo em todas as suas fases. Do nascimento até a fase adulta, o conhecimento é construído pelo indivíduo, sendo os esquemas dos adultos construídos a partir de esquemas da criança. Na assimilação o organismo encaixa os estímulos à estrutura que já existe; na acomodação, o organismo muda a estrutura para encaixar o estímulo. O processo de acomodação resulta numa mudança qualitativa na estrutura intelectual (esquemas) enquanto que a assimilação somente acrescenta à estrutura existente uma mudança quantitativa. (Wadsworth, 2003, p. 23-24)

Teorias como a de Piaget nos mostram que estamos em constante aprendizagem. No entanto, é na infância, passando pela adolescência e chegando à juventude, que esse processo acontece mais facilmente. Isso não significa que em outra fase não possamos aprender, mas sim que esse processo ocorrerá de forma mais difícil. Por exemplo: se você analisar seus familiares, pode perceber que, na fase adulta, a vida tende a se estabilizar, e a aprendizagem só ocorre se você buscá-la em meios diferentes daquele em que está inserido, ou seja, há bem menos a aprender quando em comparação ao universo de aprendizados que estão à nossa disposição na infância. É por isso que muitos adultos procuram voltar aos bancos escolares, realizar pós-graduações ou leituras mais criteriosas. Sem essas possibilidades, o adulto não teria mais o que aprender. Já na velhice, a aprendizagem ocorre em um processo inverso do verificado na infância – não que os idosos não possam mais aprender, mas o processo se torna mais trabalhoso.

Quando a criança se encontra em um ambiente que não favorece seu desenvolvimento, ela pode sofrer um atraso cultural e intelectual, não chegando a atingir certos níveis cognitivos elencados na epistemologia genética, o que prejudicará sua aprendizagem. É essa dinâmica, esse ambiente extraescolar que pode estimular ou atrapalhar a aprendizagem, que diferencia as crianças no ambiente escolar. E é esta uma das funções da escola: tentar resgatar as fases da criança, com a finalidade de deixar todos os alunos em seus níveis ideais de aprendizagem. Esse é um processo árduo, que exige muito esforço do profissional da educação. No entanto, o que muitos não sabem é que esse processo passa pela afetividade.

É importante ressaltar aqui a vivência como profissional da educação e como ex-aluna de escola que tem como lema a afetividade de um dos autores desta obra. Essa característica permitiu que a professora visse seus alunos em outras instituições de um modo diferente, comprovando que a abordagem afetiva é forte aliada no processo de ensino-aprendizagem, uma vez que permite a construção de um vínculo com o estudante.

Para ilustrar esse fato, podemos citar a situação vivida por um dos autores desta obra, em uma escola situada em região menos favorecida de uma grande capital do Estado brasileiro. Nessa instituição de ensino, havia um aluno no 6º ano do ensino fundamental que cursava essa série pela terceira vez, sendo, por isso, rotulado como um aluno-problema. Sua história de vida era inacreditável: vivia em um local com condições indignas de sobrevivência, não somente de infraestrutura física, mas também emocional e familiar. Nesse caso, a vulnerabilidade desestimula o desejo de aprender e, assim, impede a construção de esquemas e assimilações, danificando a compreensão simbólica de mundo do estudante. Certo dia, pela simples entrega de uma guloseima, o professor mostrou ao aluno que ele era importante. Nesse momento, criou-se um elo de afetividade entre o aluno e o professor, que gerou uma total mudança do aluno para com o educador e, por consequência, para com a disciplina de Matemática. O estudante buscou, dentro de seus limites – visto que diversas fases indicadas por Piaget já haviam sido comprometidas no processo de aprendizagem –, assimilar os conceitos matemáticos, esforço que, ao final do ano letivo, foi considerado fator predominante para a aprovação do aluno para uma série posterior.

Esse exemplo pode ser aplicado em qualquer área do conhecimento. Não estamos dizendo que devemos distribuir mimos aos alunos, até porque o fato citado ocorreu de forma espontânea. No entanto, convém destacarmos que o aluno percebeu que, entre os oitos professores das demais disciplinas, dois pedagogos, dois diretores, dezenas de colegas de sala, alguém se importava com ele. Essa percepção transformou uma criança com baixo potencial em um pré-adolescente que sabia que tinha capacidade para estar no ambiente escolar.

Esse acontecimento vai ao encontro da afirmação de Martinelli (2001), de que os sentimentos positivos são fatores fundamentais para um bom desenvolvimento cognitivo da criança. Diagnósticos clínicos apontados pela autora indicam que crianças que apresentam fracasso na escola muitas vezes passam por situações de estresse emocional e baixa autoestima.

Segundo Piaget (1970), **a aprendizagem e a afetividade estão totalmente inter-relacionadas.** Considerando que o avanço da criança está profundamente relacionado à afetividade, ao meio e ao desenvolvimento biológico, podemos afirmar que, diante de suas experiências vivenciadas, ela estrutura seu conhecimento lógico-matemático, bem como propriedades físicas, cores, dimensões, tamanhos, entre outros conceitos que auxiliam na construção numérica e na determinação das propriedades de objetos (Bolognese, 2022).

Bolognese (2022) afirma que a criança precisa relacionar a abstração empírica (que está associada às informações obtidas dos objetos físicos por meio da experimentação ou observação – por exemplo, a criança, por meio de seus contatos sensório-motores, percebe que um carrinho é feito de material rígido) à abstração reflexiva (que se refere às informações que não são obtidas dos objetos físicos, ou seja, são elaboradas mentalmente). Nesse momento, a criança pode utilizar o conhecimento lógico-matemático por meio de inferências e deduções – por exemplo, quando ela cria uma ordem lógica para organização de seus carrinhos, seja por cor, seja por tamanho ou outra característica.

Essas relações não estão explícitas nos carrinhos. Para que haja a construção do pensamento lógico-matemático, a criança deve diferenciar as partes do todo e, dessa forma, construir o conhecimento físico e elaborar o conhecimento matemático. Por exemplo: quando uma criança reconhece um copo, ela pode classificá-lo, indicar sua cor ou transparência, sua utilidade, o tamanho e a forma para, assim, diferenciá-lo de outros objetos. Esse processo acontece desde o estágio sensório-motor. Com o passar dos anos, a criança se desprende da abstração empírica, uma vez que ela já organizou seu pensamento. Ao começar o processo de contagem numérica, a criança tende a "pular" números ou até mesmo a repeti-los; nesse caso, faz-se necessário organizar essa contagem para fortalecer o processo de sequência numérica. Depois de certo tempo, a criança realiza essa atividade sem a necessidade da organização, ou seja, forma mentalmente uma relação ordenada e coerente entre numeral e número.

Pelo conteúdo apresentado até o momento, podemos afirmar, concordando com Piaget (1970), que **o conhecimento lógico-matemático não é inato ao ser humano – ele é construído com base no meio** em que o indivíduo está inserido. Todo esse processo de aprendizagem está relacionado às situações afetivas, biológicas e sociais, que devem ser ao menos conhecidas pelo professor. Essa iniciativa possibilitará ao educador levar o aluno à construção do conhecimento. Nesse processo, a afetividade é fundamental.

Síntese

No decorrer deste capítulo, apresentamos as teorias de aprendizagem de maior representatividade na área da educação, bem como seus fundadores e suas especificidades. Como os estudos de Piaget são muito valorizados no contexto educacional brasileiro, destacamos a epistemologia genética na construção do pensamento matemático. Demonstramos como se dá a construção do número por parte da criança e como os aspectos afetivos são importantes na construção de conceitos matemáticos.

Atividades de autoavaliação

1. Para Vygotsky, a questão central é a aquisição de conhecimento entre o sujeito e o meio, que se dá pelo processo de:

    a) alteração.
    b) externação.
    c) interação.
    d) comparação.

2. Como é denominada a fase cognitiva estabelecida por Piaget dividida em inteligência simbólica e período intuitivo?

    a) Sensorial-motora.
    b) Pré-operatória.
    c) Operatória concreta.
    d) Operatória formal.

3. A epistemologia genética apresentada por Piaget é baseada essencialmente em:

    a) inteligência e construção do conhecimento.
    b) persistência e construção do conhecimento.
    c) memorização e construção do conhecimento.
    d) comparação e construção do conhecimento.

4. De acordo com um dos destaques de Vygotsky, o uso da _____ é fundamental para o desenvolvimento cognitivo.

    a) imagem.
    b) escrita.
    c) linguagem.
    d) imaginação.

5. Com base nos estudos de Kamii (1990), o número é uma relação criada mentalmente por cada indivíduo, sendo assim:

   a) podemos ensinar o número.
   b) não podemos ensinar o número.
   c) podemos aprender o número.
   d) não podemos aprender o número.

Atividades de aprendizagem

Questões para reflexão

1. A afetividade é importante em todos os meios sociais em que vivemos. Na escola, esse fato não é diferente. Explique como a afetividade contribui para o processo de ensino-aprendizagem de matemática.

2. O raciocínio lógico-matemático, apesar de ser um conteúdo de matemática, está presente em diversas áreas do conhecimento e no cotidiano. Cite exemplos dessas aplicações e descreva-os.

Atividade aplicada: prática

1. Planeje uma aula na qual você trabalhará um conceito matemático utilizando a teoria de Piaget em sua abordagem. Lembre-se de indicar a quantidade de aulas necessárias para o desenvolvimento do conteúdo. Pesquise na internet, por exemplo, práticas de professores que utilizam a epistemologia genética em suas atividades. Indique em seu plano a fase da epistemologia genética a ser explorada e os recursos a serem utilizados.

Ensino de Matemática

Neste capítulo, demonstraremos a importância da matemática na educação básica e faremos um breve relato relacionado ao pensamento e à construção de conceitos matemáticos. Além disso, apresentaremos os tipos de raciocínio lógico, principalmente o dedutivo, bem como exemplos de como utilizá-lo no ensino de matemática.

Por fim, descreveremos como ocorre a compreensão de conceitos matemáticos e a metodologia de resolução de problemas, que é um caminho para o processo de ensino e aprendizagem, e não uma atividade isolada.

Você deve ter percebido em algum momento de sua formação na educação básica (ensino fundamental e ensino médio) que, de maneira geral, os professores de Matemática se preocupam muito em apresentar os conteúdos de forma que os estudantes memorizem métodos de resolução. Essa forma de ensino gera desconforto tanto para o estudante quanto para o professor, pois o educando tem a consciência de que o conceito/conteúdo que está sendo exposto é importante, enquanto o professor verifica que a maioria dos estudantes apresenta uma aprendizagem não satisfatória.

Neste capítulo, vamos entender que o ensino de matemática vai muito além de expor conceitos aos estudantes. É claro que não devemos negar que a memorização de métodos e algoritmos é válida; porém, para que esses recursos tenham de fato validade, é necessário o aluno compreender, primeiramente, o conceito relacionado.

Você deve estar se perguntando: "De que forma isso será útil?". Ilustremos brevemente uma situação para respondermos a essa questão citando o exemplo da tabuada: o estudante que apenas a memoriza não sabe o raciocínio que reside por trás desse conceito. Já um sujeito que entende o conceito, que é a forma simplificada de indicação de soma de parcelas iguais, conseguirá determinar alguns produtos se não conseguiu memorizá-la.

Veja o exemplo de um aluno que não se recorda do resultado da operação 8×6. Se não se apropriou do conceito da tabuada, ele não conseguirá determinar esse produto. No entanto, se o estudante conhece o conceito e, por exemplo, lembra que o produto 7×6 é igual a 42, vai recordar que, para obter 8×6, precisa apenas adicionar ao resultado (42) a parcela 6, pois 7×6 é a soma de 7 parcelas iguais a 6 (ou seja, 6 + 6 + 6 + 6 + 6 + 6 + 6), e que a multiplicação 8×6 é a soma de 8 parcelas iguais a 6, ou seja, 6 + 6 + 6 + 6 + 6 + 6 + 6 + 6 (uma parcela 6 a mais que o resultado anterior).

Nossos educandos precisam estar preparados para exercer seu direito à cidadania realizando argumentações, hipóteses e buscando soluções para os desafios que são apresentados. Por isso, a matemática precisa ter significado – o estudante deve compreender os conceitos para, então, analisar sua situação e desenvolver o prazer por esse campo do conhecimento.

Não considerando casos de dificuldade de aprendizagem ou problemas neurológicos avaliados por profissionais (psicólogo, psicopedagogo, psiquiatra, entre outros), as afirmativas "a matemática é muito complicada" e "tenho muita dificuldade em matemática" não existiriam se o ensino dessa disciplina fosse realizado da forma como deve ser: o educando deve compreender os conceitos!

Indicação cultural

Todo professor de Matemática deve ler sobre a desordem neurológica denominada discalculia, *que afeta a habilidade de uma pessoa em manipular e compreender os números.*

Para que você tenha contato com esse tema, sugerimos a seguinte leitura:

BERNARDI, J. **Discalculia**: O que é? Como intervir? Jundiaí: Paco, 2014.

Assim, acreditamos que você já deve estar se perguntando: "Qual é a importância da matemática na educação básica?".

Como dissemos anteriormente, é sobre essa dúvida que vamos nos debruçar neste capítulo, para que você compreenda as ações matemáticas por meio do pensamento e do raciocínio dedutivo e da resolução de problemas.

3.1 Importância do ensino de Matemática na educação básica

Assim como a linguagem e a representação gráfica, a matemática tem importância fundamental na vida dos seres humanos, uma vez essa área do saber está presente no cotidiano dos indivíduos – em casa, no trabalho, no comércio, nos estudos e em outros contextos. E é justamente por estar associada ao nosso dia a dia que muitas vezes essa "matemática" passa despercebida pela maioria das pessoas.

É na escola que devemos mostrar aos estudantes a interface entre o conhecimento matemático diário e o escolar. No entanto, muitos profissionais não fazem isso, esquecendo que a matemática traz contribuições do passado que interagem com o futuro e que são necessárias em outras ciências no presente.

Desde a Antiguidade, o ser humano precisou relacionar seus acontecimentos ao seu cotidiano, atividade que veio a gerar registros gravados nas paredes de cavernas, na forma do que chamamos **pintura rupestre**, que talvez sejam a primeira expressão gráfica de que se tem conhecimento.

Indicação cultural

Leia mais sobre expressão gráfica no artigo "Um esboço de conceituação sobre expressão gráfica", da autora Heliza Colaço Góes, publicado na revista on-line Educação Gráfica:

GÓES, H. C. Um esboço de conceituação sobre Expressão Gráfica. **Revista Educação Gráfica**, v. 17, n. 1, 2013. Disponível em: <http://www.educacaografica.inf.br/revistas/vol-17-numero-01-2013>. Acesso em: 2 fev. 2023.

Tempos depois, o ser humano passou desse tipo de representação à contagem propriamente dita. É conhecida a história do pastor de ovelhas que associava a cada animal de seu rebanho uma pedra. Com esse recurso, a matemática se desenvolveu cada vez mais e se mostrou essencial para a humanidade.

Indicação cultural

A história da matemática pode ser encontrada no seguinte livro:

BOYER, C. B. **História da matemática**. Tradução de Elza F. Gomide. 2. ed. São Paulo: E. Blücher, 1996.

Muitos historiadores afirmam que a contagem é a maior invenção já realizada pelo ser humano. Sem os sistemas de numeração, que trouxeram outros conceitos com o passar do tempo, não teríamos praticamente nada ao nosso redor. Estaríamos vivendo como os homens primitivos.

É importante que os alunos tenham conhecimento da história da matemática. Saber como ocorreram as descobertas nesse campo do conhecimento é resgatar nossa própria identidade cultural, uma vez que o educando, tendo conhecimento de que a matemática é uma criação das necessidades de diversas culturas em vários momentos da história, passa a estabelecer relações entre o passado e o presente (Brasil, 1997).

No entanto, como expusemos na introdução deste capítulo, acreditamos que a dificuldade apresentada na compreensão de conceitos matemáticos pela maioria dos alunos se deve à forma como o professor trabalha esse conteúdo em sala de aula. Muitos educadores insistem em enfatizar apenas o processo de ensino-aprendizagem tradicional da matemática, problema que deve ser amplamente discutido quando tratamos do ensino de matemática.

> Tradicionalmente, a prática mais frequente no ensino de Matemática era aquela em que o professor apresentava o conteúdo oralmente, partindo de definições, exemplos, demonstração de propriedades, seguidos de exercícios de aprendizagem, fixação e aplicação, e pressupunha que o aluno aprendia pela reprodução. Considerava-se que uma reprodução correta era evidência de que ocorrera a aprendizagem.
>
> Essa prática de ensino mostrou-se ineficaz, pois a reprodução correta poderia ser apenas uma simples indicação de que o aluno aprendeu a reproduzir, mas não apreendeu o conteúdo. (Brasil, 1997, p. 30)

Um aluno que apresenta dificuldades na compreensão de conceitos se torna desmotivado, pois não vê no horizonte um sentido para tais conteúdos e muito menos as possibilidades de aplicação destes, problema que gera, muitas vezes, indisciplina e evasão escolar.

Cabe ressaltar que não estamos indicando que o culpado é o professor. Esse profissional é apenas um dos elementos de um sistema educacional, composto de diversos outros. Quando nos referimos ao *educador*, estamos falando daquele que conta com plenas condições de trabalho, como hora-atividade (tempo para planejamento de aulas, pesquisas e outras atividades inerentes à docência) satisfatória, e, ainda assim, não busca metodologias de ensino diferenciadas e focadas em determinados perfis de aluno.

É função do professor buscar **formação continuada**, que também é fator que influencia o ensino de matemática, seja por meio da oferta de sua mantenedora (órgão ou instituição que o contratou), seja por conta própria. Além disso, essa formação pode ser complementada por conversas com colegas de outras áreas ou mesmo pela pesquisa em fontes confiáveis em suporte material ou na internet, que dispõem de inúmeras práticas docentes realizadas por pesquisadores ou educadores detalhadas e acompanhadas dos resultados obtidos.

> É visível que a grande dificuldade dos alunos está na compreensão das operações aritméticas: adição, subtração, multiplicação e divisão. Em sua futura profissão, você vai se deparar com muitos alunos que, ao lerem um problema proposto, vão lhe perguntar: "A conta é de 'mais' ou de 'menos'"?

Por estarmos abertos às novas vivências em sala de aula, podemos afirmar, em razão de nossa experiência na educação básica, que muitas vezes temos de dedicar um espaço para resgatar a compreensão de conceitos fundamentais que são utilizados na construção de outros desenvolvidos no momento. Para muitos profissionais, trata-se de "um tempo perdido"; para nossos educandos, é "o regaste de um tempo perdido". Por exemplo: não podemos iniciar o conceito de multiplicação se o aluno ainda não compreendeu o conceito e o algoritmo da adição.

Tudo bem, você deve estar pensando que esse problema de interpretação se deve à dificuldade de interpretação de texto, relacionada à disciplina de Língua Portuguesa. É possível que, para alguns alunos, isso seja verdadeiro, mas, para a maioria, não é essa a realidade.

O que ocorre na verdade é que o estudante não compreendeu anteriormente os conceitos das operações e não consegue ver o elo entre o problema e o texto. Por isso, **é dever do professor de matemática mostrar ao educando como interpretar um texto matemático**, e não atribuir essa função a outros profissionais. Cada disciplina conta com textos próprios, que precisam ser analisados de formas diferentes. Em História, por exemplo, você precisa ler todo um texto para entender o contexto do fato ou do momento a que ele se refere; já na Matemática, cada frase apresenta várias informações importantes para a solução do problema.

Os estudantes também precisam entender que a matemática está presente em diversas situações do cotidiano: nas **formas dos objetos** (as formas e as dimensões pertencem à matemática, pois fazem parte da geometria); no **planejamento de determinada rotina** (O que fazer hoje? Primeiro, ir à escola, depois, almoçar – há uma organização de ideias no tempo); **no planejamento do trajeto para determinado destino** (Para chegar aonde devo ir, terei de sair de casa, andar algumas quadras, virar à direita...); no **comércio** (Qual é o valor da compra? Quanto devo dar de troco? Com que frequência esse produto é consumido? Devo deixar mais unidades dele nas prateleiras?); nas **brincadeiras** (Como determino o ritmo da brincadeira? Como faço a contagem de pontos?); **na passagem do tempo** (dias, meses, anos), entre outras aplicações. Esses são apenas alguns exemplos de como a matemática está presente no nosso dia a dia.

Indicação cultural

Uma forma de mostrar aos alunos como a matemática se aplica às nossas rotinas diárias é a apresentação do livro Monstromática, *de Jon Scieszka e Lane Smith, indicado a seguir:*

SCIESZKA, J.; SMITH, L. **Monstromática**. Tradução de Iole de Freitas Druck. São Paulo: Companhia das Letras, 2004.

Um dos grandes equívocos que muitos professores cometem consiste na crença de que devem trabalhar apenas os conteúdos que são de interesse dos educandos ou que fazem parte da realidade deles, descartando outros que não têm uma aplicação prática imediata. É nosso (professores) dever mostrar situações relacionadas aos conhecimentos dos estudantes, mas é muito importante extrapolar esse limite. Para isso, podemos utilizar argumentações, pesquisas, investigações de situações-problema, atividades que desenvolvam o raciocínio lógico, entre outros recursos.

> Apesar de a Matemática ser, por excelência, uma ciência hipotético-dedutiva, porque suas demonstrações se apoiam sobre um sistema de axiomas e postulados, é de fundamental importância também considerar o papel heurístico das experimentações na aprendizagem da Matemática.
>
> No Ensino Fundamental, essa área, por meio da articulação de seus diversos campos – Aritmética, Álgebra, Geometria, Estatística e Probabilidade –, precisa garantir que os alunos relacionem observações empíricas do mundo real a representações (tabelas, figuras e esquemas) e associem essas representações a uma atividade matemática (conceitos e propriedades), fazendo induções e conjecturas. Assim, espera-se que eles desenvolvam a capacidade de identificar oportunidades de utilização da matemática para resolver problemas, aplicando conceitos, procedimentos e resultados para obter soluções e interpretá-las segundo os contextos das situações. A dedução de algumas propriedades e a verificação de conjecturas, a partir de outras, podem ser estimuladas, sobretudo ao final do Ensino Fundamental. (Brasil, 2018, p. 265)

A Matemática está ligada à construção da cidadania do indivíduo, assim, devemos ter sempre em mente que a importância dessa disciplina na educação básica está relacionada à necessidade de criação de um elo entre os conceitos escolares/científicos e o conhecimento prévio do aluno adquirido em sua vivência.

> Também a importância de se levar em conta o "conhecimento prévio" dos alunos na construção de significados geralmente é desconsiderada. Na maioria das vezes, subestimam-se os conceitos desenvolvidos no decorrer da atividade prática da criança, de suas interações sociais imediatas, e parte-se para o tratamento escolar, de forma esquemática, privando os alunos da riqueza de conteúdo proveniente da experiência pessoal. (Brasil, 1997, p. 22)

Para que esse problema seja solucionado, o professor de Matemática deve:

- identificar as principais características dessa ciência, de seus métodos, de suas ramificações e aplicações;
- conhecer a história de vida dos alunos, sua vivência de aprendizagens fundamentais, seus conhecimentos informais sobre um dado assunto, suas condições sociológicas, psicológicas e culturais;
- ter clareza de suas próprias concepções sobre a Matemática, uma vez que a prática em sala de aula, as escolhas pedagógicas, a definição de objetivos e conteúdos de ensino e as formas de avaliação estão intimamente ligadas a essas concepções. (Brasil, 1997, p. 29)

Com base no que apresentamos até o momento, vamos discutir um pouco sobre o pensamento e o raciocínio dedutivos, mostrando a função desses atributos no ensino de matemática. Em seguida, passaremos ao conceito e ao procedimento da metodologia de resolução de problemas.

3.1.1 Auxílio na estruturação do pensamento e do raciocínio

O pensamento está relacionado ao sistema mental, como uma forma de processo dessa estrutura. É por meio dele que o ser humano pode estruturar, sequenciar, modular suas trajetórias, seus planos, suas metas ou seus desejos.

A teoria sobre o "pensamento" é complexa, no sentido de haver diversas classificações conforme a área que a utiliza. Assim, vamos verificar aqui o que dois dos principais teóricos sobre ensino, Piaget e Vygostky, afirmam sobre o tema.

Piaget afirma que o pensamento é fundamental no processo de ensino-aprendizagem, que vem antes da representação gráfica e da escrita, na construção do conhecimento do ser humano. Para o estudioso suíço, a formação do pensamento não depende da escrita, e sim da coordenação de esquemas sensório-motores (período que compreende desde o nascimento até os 2 anos de idade da criança), que ocorrem somente após o indivíduo ter alcançado determinado nível de habilidades mentais (Piaget, 1993).

Em outras palavras, antes mesmo de saber escrever ou desenhar, a criança pensa. No entanto, é só depois de certo tempo que ela consegue registrar seus pensamentos em formas de rabisco. Com o passar do tempo, esses rabiscos são aperfeiçoados até resultarem na escrita na fase escolar.

Indicação cultural

Estude um pouco mais sobre o período sensório-motor em:

MENESES, H. S. de. O período sensório-motor de Piaget. **Psicologado**, jul. 2012. Disponível em: <https://pt.slideshare.net/rosellematos/o-perodo-sensrio>. Acesso em: 6 jun. 2022.

Vygotsky, por sua vez, acredita que o pensamento e a linguagem são processos interdependentes, assim, um não pode existir sem o outro. No entanto, é por meio da linguagem que a criança estrutura seu pensamento, o que dá origem à imaginação, ao planejamento da ação e ao uso da memória. Além disso, na visão do pesquisador bielorrusso, uma palavra que não representa uma ideia é algo morto; da mesma forma, uma ideia não incorporada na linguagem é apenas uma sombra (Vygotsky, 1984).

Para Vygotsky (1984), a criança não pensa antes que tenha alguma forma de linguagem, visto que um depende do outro.

Outros teóricos também apresentam outras concepções sobre o pensamento humano, uma vez que esses conceitos surgem de várias formas. A concepção que vamos estudar neste ponto do texto é a que contribui para o ensino de matemática: o **raciocínio lógico**.

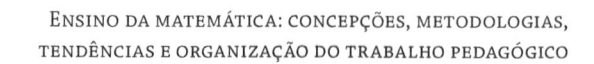

Podemos resolver diversos problemas por meio desse tipo de raciocínio, mesmo não havendo um método que possa ser ensinado diretamente (ou seja, não existe um algoritmo para tal). Ainda assim, existem diversos exercícios que contribuem para o desenvolvimento dessa habilidade e que deveriam ser aplicados na educação básica. Entretanto, o que percebemos é o fato de que o raciocínio lógico é estudado de forma sistemática apenas nos cursos superiores.

Essa forma de raciocínio segue normas da lógica, que possibilita determinar uma conclusão ou encontrar a resposta para certos problemas. Por isso, é muito importante que você desenvolva o raciocínio lógico com seus futuros alunos, como auxílio tanto para o ensino escolar quanto para a vida fora dos bancos escolares. Atualmente, muitas empresas e concursos públicos procuram incluir essa habilidade em suas seleções, mostrando que ela é importante para a vida profissional.

Geralmente, o raciocínio lógico é utilizado para chegar a uma conclusão (inferência); para isso, ele parte de algumas afirmações (premissas), seguidas algumas vezes de afirmações intermediárias (Figura 3.1).

Figura 3.1 – Esquema do raciocínio lógico

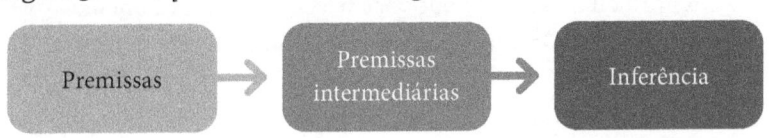

Premissas → Premissas intermediárias → Inferência

Você sabia que não existe apenas um tipo de raciocínio lógico? Isso mesmo! Há pelo menos duas classificações: (i) o **raciocínio lógico indutivo** e (ii) o **dedutivo**.

Já leu sobre isso? Sabe a diferença entre eles? Se a resposta for "sim", será muito fácil rever esses conceitos nesta seção. Se a resposta for "não", não se preocupe, pois vamos explicar a seguir.

O raciocínio indutivo é composto de três etapas:

1. **A observação dos fenômenos** – É nessa etapa que você deve observar os fenômenos ou fatos, procurando determinar as categorias em que os elementos estão incluídos.
2. **Relação entre as observações** – É nesse estágio que você deve analisar, por meio da comparação, por exemplo, se os fatos observados na etapa anterior apresentam algum tipo de relação.

3. **Generalização da relação** – Agora que já foram encontradas relações entre as observações, você deve generalizá-las. Nesse ponto, você pode encontrar afirmações que antes não havia observado.

Vamos ver um exemplo?

Exemplo n. 1

Um professor de matemática analisou a faixa etária de seus alunos do 6º ano do ensino fundamental e verificou que todos os 150 estudantes tinham 10 ou 11 anos. Com essa observação, o educador concluiu que "todos os alunos do 6º ano têm 10 ou 11 anos".

No entanto, passado certo tempo, a secretaria da escola em que o profissional trabalha informou que um novo aluno será matriculado em uma de suas turmas do 6º ano. O professor de matemática pode ter certeza de que esse aluno tem 10 ou 11 anos? O que você pensa sobre isso? Podemos fazer a seguinte afirmação: "Todos os alunos do 6º ano têm 10 ou 11 anos"?

Pense um pouco ante de continuar...

É evidente que a resposta é "não"!

Esse professor concluiu que "todos os alunos do 6º ano têm 10 ou 11 anos" por meio de uma observação que realizou. Analisou apenas 150 estudantes, e não verificou o que ocorre em todas as escolas de sua região, estado ou país. Portanto, ele não pode ter certeza absoluta ou fundamentar sua conclusão tendo analisado apenas um caso específico.

Assim, podemos afirmar que o raciocínio indutivo parte de premissas obtidas por meio de observação ou da experiência para deduzir conclusões. O inconveniente dessa forma de pensamento é que não se pode afirmar que a conclusão é geral, ou seja, que ela sempre vai ocorrer ou que está correta para todos os casos.

No entanto, por meio da observação, ele pode concluir que "todos os alunos do 6º ano têm 10 ou 11 anos".

Por isso, afirmamos que esse raciocínio não é tão *lógico* (no sentido mais amplo da palavra), apesar de ele seguir algumas regras: premissas, premissas intermediárias (quando houver) e inferências.

Figura 3.2 – Esquema do raciocínio lógico indutivo – Exemplo n. 1

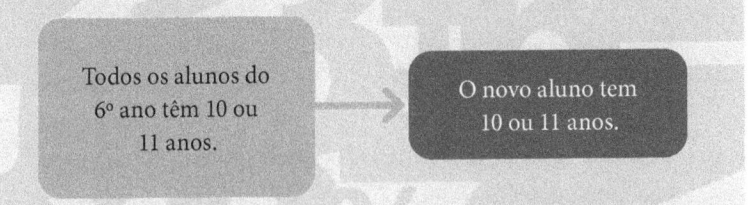

Todos os alunos do 6º ano têm 10 ou 11 anos. → O novo aluno tem 10 ou 11 anos.

Vamos ver mais um exemplo?

Exemplo n. 2

Analise a figura a seguir:

Figura 3.3 – Exemplo de raciocínio indutivo

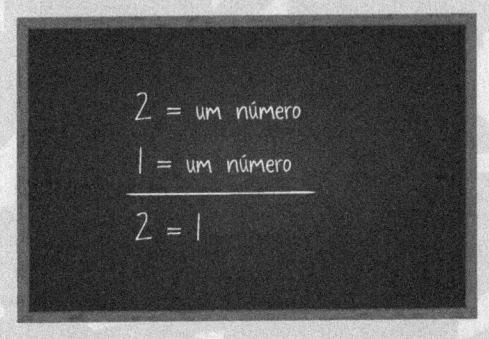

$$2 = \text{um número}$$
$$1 = \text{um número}$$
$$\overline{2 = 1}$$

Pelo raciocínio indutivo, temos duas premissas: a primeira nos informa que "2 é um número"; a segunda premissa, ou premissa intermediária, afirma que "1 é um número". Logo, podemos concluir que 2 = 1.

Como assim?!

Bom, pela lógica indutiva, a conclusão está correta, ou seja, 2 e 1 são da mesma **categoria**, apesar de 2 e 1 não serem numericamente iguais. Assim, a lógica indutiva depende muito da forma como o indivíduo observa. Devemos ter isso claro quando estivermos com nossos alunos, pois eles costumam utilizar esse tipo de raciocínio frequentemente, principalmente quando estão condicionados a resolver exercícios do tipo "faça como o modelo".

O que podemos perceber por essa forma de pensamento é que esse raciocínio nem sempre gerará conclusões gerais, tampouco será válido para casos específicos, ou seja, em uma pequena parte do todo. Podemos utilizá-lo na matemática, mas devemos deixar claro aos alunos que, "para este caso específico, é possível aplicar esse pensamento".

Figura 3.4 – Esquema do raciocínio lógico indutivo – Exemplo n. 2

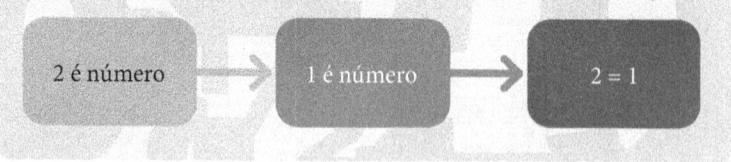

| 2 é número | → | 1 é número | → | 2 = 1 |

Agora, vamos apresentar outro tipo de raciocínio: o **raciocínio dedutivo** e o que o distingue do raciocínio indutivo.

Exemplo n. 3

Para este primeiro exemplo de raciocínio dedutivo, vamos partir da seguinte afirmação: "Todos os cachorros são mortais" para concluir que "Nynno é mortal".

Vamos imaginar que Nynno é um cão. Logo, com as informações de que todos os cachorros são mortais e que Nynno é um cão, podemos afirmar com toda certeza que Nynno é mortal.

Perceba que nossa premissa "Todos os cachorros são mortais" é verdadeira, pois não se conhece nenhum cão que seja imortal.

Figura 3.5 – Esquema do raciocínio lógico dedutivo – Exemplo n. 3

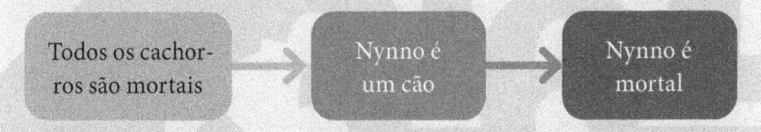

| Todos os cachorros são mortais | → | Nynno é um cão | → | Nynno é mortal |

Então, vamos comparar esse exemplo com o n. 1, no qual o professor observou que "todos os alunos do 6º ano têm 10 ou 11 anos". A premissa do professor não é uma verdade, ou melhor, é uma verdade para o mundo no qual o profissional estava inserido naquela ocasião ou, ainda, talvez por se tratar de uma situação ideal (o que se espera que aconteça em qualquer 6º ano se não houvesse reprovações e/ou evasões).

Como podemos utilizar esse tipo de raciocínio na Matemática?

Os exemplos n. 4 e 5 mostram aplicações dessa forma de pensamento no ensino dessa disciplina escolar.

Exemplo n. 4

Vamos pensar na seguinte afirmação: "Todo número par é divisível por dois, então, 156 é divisível por dois".

Sabemos que todo número par é divisível por dois, ou seja, trata-se de uma verdade já provada, que ninguém contrariaria. Como 156 é um número par, uma vez que o último algarismo desse número é o 6 (também par), podemos concluir que 156 é divisível por dois.

Perceba que, nesse caso, o aluno deve fazer diversas associações: o que é número par; par é divisível por 2; 156 é par; portanto, 156 é divisível por 2.

Figura 3.6 – Esquema do raciocínio lógico dedutivo – Exemplo n. 4

| Todo número par é divisível por 2 | → | 156 é par | → | 156 é divisível por 2 |

Exemplo n. 5

Jorge precisa verificar se o ângulo formado por duas paredes é de 90°. Disseram a ele que, se construir um triângulo com lados de 10 cm, 8 cm e 6 cm, o ângulo formado pelos dois lados menores será 90°. Mas Jorge está em dúvida se esse raciocínio é correto. O raciocínio dedutivo pode auxiliar nesse caso.

Como Jorge quer obter um ângulo de 90° para verificar se as paredes formam esse ângulo, ele deve verificar então se o triângulo com as dimensões anteriormente indicadas é um triângulo retângulo, ou seja, um triângulo que satisfaz os critérios do teorema de Pitágoras.

Assim, a afirmação que Jorge deve verificar é se "para todo triângulo retângulo é válido o teorema de Pitágoras, e se um triângulo com lados 10 cm, 8 cm e 6 cm é um triângulo retângulo".

Vamos testar as medidas do triângulo citado com o teorema de Pitágoras:

$Hipotenusa^2 = Cateto_a^2 + Cateto_b^2$

Sabemos também que o maior lado de um triângulo retângulo é denominado *hipotenusa*, que é o lado oposto ao ângulo de 90°. Então, neste exemplo, a hipotenusa mede 10 cm e, dessa forma, os catetos medem 8 cm e 6 cm.

$10^2 = 8^2 + 6^2$
$100 = 64 + 36$
$100 = 100$

Perceba que temos a igualdade, ou seja, o teorema de Pitágoras é válido. Com isso, podemos concluir que o triângulo com lados 10 cm, 8 cm e 6 cm é triângulo retângulo e, assim, apresenta um ângulo de 90°. Assim, Jorge pode utilizar esse recurso para verificar se o ângulo formado pelas paredes é de 90°.

Figura 3.7 – Esquema do raciocínio lógico dedutivo – Exemplo n. 5

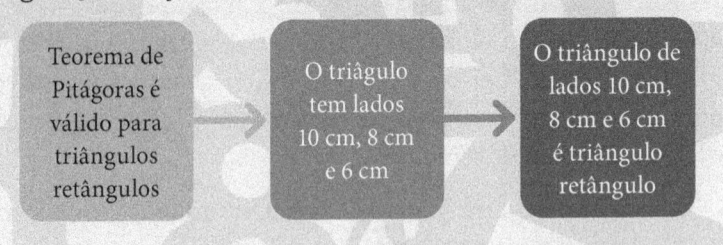

| Teorema de Pitágoras é válido para triângulos retângulos | → | O triângulo tem lados 10 cm, 8 cm e 6 cm | → | O triângulo de lados 10 cm, 8 cm e 6 cm é triângulo retângulo |

Acreditamos que, com esses três últimos exemplos, fica evidente a importância do raciocínio lógico-dedutivo no ensino de matemática. No entanto, não podemos descartar o raciocínio lógico-indutivo, que pode ser utilizado para questionar os alunos se as afirmações são sempre verdadeiras.

INDICAÇÃO CULTURAL

Podemos conhecer mais sobre a construção do conhecimento lógico-matemático pela criança na seguinte obra:

GUIMARÃES, K. P. **Desafios e perspectivas para o ensino da matemática**. Curitiba: InterSaberes, 2012.

3.1.2 COMPREENSÃO DE CONCEITOS

A compreensão é um processo por meio do qual o indivíduo é capaz de extrair significados de ideias relevantes de determinado tema e, por meio da aprendizagem, estabelecer relações com outras ideias anteriores.

Dessa forma, um aluno pode compreender conceitos matemáticos nos seguintes níveis: instrumental, inferencial e afetivo. No **nível instrumental**, o indivíduo/aluno compreende o conceito estudado, mas não procura expandir seu conhecimento, ou seja, entende o que foi exposto, mas não consegue perceber outras relações além das apresentadas. Podemos afirmar ainda que, nesse nível, o aluno sabe, mas não sabe o porquê. No **nível inferencial**, o aluno procura relacionar o que compreende com outros conceitos já vistos, com a finalidade de expandir seu conhecimento. Assim, procura saber o porquê de aprender tais conceitos. No **nível crítico**, o aluno consegue relacionar o conceito estudado com conhecimentos prévios e, além disso, é capaz de verificar e questionar se há outras formas de compreendê-lo.

Perceba que o termo *compreensão* está relacionado ao conhecimento, ou seja, é um recurso para a obtenção do conhecimento desejado ou esperado.

Um dos elementos para a efetiva compreensão de conceitos é o **símbolo**.

Falando em símbolos, você consegue distinguir os específicos da matemática? Vamos verificar alguns símbolos no quadro a seguir.

Quadro 3.1 – Símbolos matemáticos e seus significados*

SÍMBOLO	DESCRIÇÃO
(=)	Símbolo que representa igualdade, ou seja, indica que o conteúdo que antecede o símbolo **é igual ao conteúdo que o sucede**.
(+) e (−)	Símbolos para representar as operações de adição e subtração, respectivamente.
(.)	O "ponto" serve tanto para separar classes numéricas (milhar, milhão, bilhão etc.) quanto para representar a operação de multiplicação (a partir do 6º ano do ensino fundamental).

(continua)

*Cabe aqui uma pequena diferenciação: o ponto utilizado para separar classes numéricas (.) é diferente do que simboliza a operação de multiplicação (·).

(Quadro 3.1 – conclusão)

Símbolo	Descrição
(:)	O (:) é utilizado para representar a operação de divisão nos anos iniciais do ensino fundamental. Com a introdução do conceito de fração, esse símbolo é substituído por (/).
x	O "x" é utilizado até o 6º ano do ensino fundamental para representar a operação de multiplicação. A partir do 7º ano, quando se dá a introdução do conceito de equação do 1º grau, o "x" passa a ser a representação da incógnita da equação, ou seja, o valor desconhecido.
$\sqrt{x}$	"Raiz quadrada de x" – símbolo utilizado na matemática para determinar um número que, multiplicado por si mesmo, é igual a x. Esse símbolo também pode ser expresso por $x^{\frac{1}{2}}$.
Letras gregas minúsculas (ex. α, β, δ:)	Símbolos utilizados para representação de ângulos e planos.
Letras minúsculas do alfabeto latino	Símbolos utilizados para representação de retas e segmentos.
Letras maiúsculas do alfabeto latino	Símbolos utilizados para representação de pontos e vértices.
π	Um dos mais conhecidos símbolos, o "pi" indica a razão entre a circunferência e seu diâmetro. É a representação do número irracional: 3,141592...
e	Esse símbolo representa o número de Euler, um número irracional cujo valor é 2,7182.

O símbolo é algo que os sentidos compreendem; dessa forma, você deve prestar atenção principalmente na forma como cada símbolo é interpretado pelos estudantes, pois os símbolos podem apresentar dois ou mais significados na matemática. Há diversas formas para expressá-los – as que apresentamos no Quadro 3.1 são as escritas, consequentemente, podem ser vistas. Mas também há as que podem ser faladas e ouvidas. O famoso pesquisador Gérard Vergnaud (2009, p. 19) afirma:

> O símbolo é a parte diretamente visível do *iceberg* conceitual; a sintaxe de um sistema simbólico é apenas a parte diretamente comunicável do campo de conhecimento que ele representa. Essa sintaxe não seria nada sem a semântica que a produziu, isto é, sem a atividade prática e conceitual do sujeito no mundo real.

Os símbolos podem representar um conceito que apresenta dentro de si outro conceito, como no caso da multiplicação e da raiz quadrada. No caso da multiplicação, os símbolos (×) ou (·) representam a soma de diversas parcelas, ou seja, $4 \cdot 3 = 3 + 3 + 3 + 3$. Outros elementos para a compreensão de um conceito são o tempo e a motivação, mas eles não têm relação com a escrita ou a interpretação de símbolos.

Você já deve ter percebido, em sua vida escolar, que alguns alunos precisam de mais tempo que outros para compreender determinado conceito. Essa diferença se deve ao fato de que cada indivíduo apresenta um ritmo específico para o aprendizado. Assim, você vai se deparar com muitos alunos em sala de aula com tempos diferentes, que devem ser respeitados. Não é um processo fácil e não existe receita para ele! Apenas a prática profissional mostrará como trabalhar com cada um de seus estudantes.

Agora, queremos lhe fazer uma pergunta: Por que você está cursando Matemática? Qual é sua motivação? Se sua resposta for objetiva e pressupor objetivos bem traçados, você terá vontade cada vez maior de compreender os conceitos matemáticos, mesmo que, a princípio, não seja tão fácil. Acreditamos que você esteja cursando Matemática para exercer futuramente a profissão de professor. No entanto, nossos alunos da educação básica ainda não têm uma motivação para estar na escola. Então, você deve criá-la, propondo diversas atividades que sejam de interesse dos estudantes. É claro que você nem sempre conseguirá motivar todos; por isso, é importante que você esteja aberto à busca de novas metodologias e à alteração constante das atividades propostas a fim de resgatar os alunos desmotivados, principalmente quando os conceitos são abstratos.

Assim, queremos finalizar esta seção com as seguintes dicas:

- Não tente impor conceitos abstratos em um período no qual o aluno ainda não seja capaz de compreendê-lo.
- Modifique constantemente sua metodologia e a forma de expor os conceitos. Sempre que possível, apresente os conceitos por meio de representações gráficas e materiais manipuláveis.
- Apresente o conceito da forma mais simples possível, ou seja, não queira apresentá-lo por meio de uma aplicação que envolve outros conceitos ainda não completamente compreendidos pelos alunos.
- Se você dispuser de tecnologia eletrônica (computadores) em sala de aula ou em outros espaços da estrutura escolar, utilize-a. Além de esse recurso ser útil para a aprendizagem, também serve de motivação aos alunos.
- Introduza o novo conceito aliado com a história da matemática, para que os estudantes saibam o porquê do surgimento desse conhecimento.

Na próxima seção, apresentaremos uma tendência metodológica em Educação Matemática que está relacionada à construção de novos conceitos: a resolução de problemas.

3.1.3 Resolução de problemas: uma metodologia para o ensino de matemática

A resolução de problemas é uma estratégia para o processo de ensino-aprendizagem da matemática que vem sendo discutida há muitos anos, por diversos pesquisadores da área de Educação Matemática. Essa metodologia deve ser um caminho constantemente trilhado no processo de ensino-aprendizagem, não mera atividade esporádica em sala de aula, pois a resolução de problemas torna os alunos ativos na aprendizagem, uma vez que são motivados à busca do conhecimento e postos a enfrentar novas situações. Com essa iniciativa, os alunos desenvolvem a capacidade de aprender a aprender, pois devem elaborar diversos procedimentos para a resolução do problema proposto, tais como tentativas, levantamento de hipóteses e simulações. Além disso, os estudantes comparam e analisam os resultados com os dos demais alunos por meio de discussão em grupo (Brasil, 1997).

A BNCC apresenta indícios dessa metodologia quando relata sobre "a capacidade de identificar oportunidades de utilização da matemática para resolver problemas, aplicando conceitos, procedimentos e resultados para obter soluções e interpretá-las segundo os contextos das situações" (Brasil, 2018, p. 265).

Essa tendência em Educação Matemática é baseada nos seguintes princípios:

- o ponto de partida da atividade matemática não é a definição, mas o problema. No processo de ensino e aprendizagem, conceitos, ideias e métodos matemáticos devem ser abordados mediante a exploração de problemas, ou seja, de situações em que os alunos precisem desenvolver algum tipo de estratégia para resolvê-las;
- o problema certamente não é um exercício em que o aluno aplica, de forma quase mecânica, uma fórmula ou um processo operatório. Só há problema se o aluno for levado a interpretar o enunciado da questão que lhe é posta e a estruturar a situação que lhe é apresentada;
- aproximações sucessivas ao conceito são construídas para resolver certo tipo de problema; num outro momento, o aluno utiliza o que aprendeu para resolver outros, o que exige transferências, retificações, rupturas, segundo um processo análogo ao que se pode observar na história da Matemática;
- o aluno não constrói um conceito em resposta a um problema, mas constrói um campo de conceitos que tomam sentido num campo de problemas. Um conceito matemático se constrói articulado com outros conceitos, por meio de uma série de retificações e generalizações;
- a resolução de problemas não é uma atividade para ser desenvolvida em paralelo ou como aplicação da aprendizagem, mas uma orientação para a aprendizagem, pois proporciona o contexto em que se pode apreender conceitos, procedimentos e atitudes matemáticas. (Brasil, 1997, p. 32-33)

Em sala de aula, o professor deve elaborar e/ou selecionar um problema sempre visando à construção de um novo conceito. No entanto, deve lembrar que os prerrequisitos devem estar apropriados aos perfis dos alunos.

Primeiramente, é fundamental que o aluno compreenda o enunciado, ou seja, que ele consiga identificar todas as palavras do texto, bem como interpretá-las. Sem isso, não haverá estratégias a serem elaboradas na resolução. Uma maneira para buscar a compreensão do problema consiste em fazer com que o aluno se autoquestione por meio de perguntas como: Quais são os dados? Quais são as condições? O que já sabemos sobre o tema? Qual é a representação gráfica da situação desse problema? Além disso, podem ser realizadas leituras individuais ou em grupo para que o problema seja compreendido.

Na sequência, o estudante deve ser incentivado pelo professor a determinar relações entre o que foi dado no enunciado e o que se propõe a resolver, ou seja, compreender as relações entre os dados e a incógnita. O professor, a seu turno, observa, analisa o comportamento dos alunos e estimula o trabalho colaborativo.

Nessa metodologia, o professor é **mediador do conhecimento**, fazendo com que os educandos pensem e se sintam motivados a trocar ideias, bem como a dividir o problema em problemas menores. Perguntas a serem realizadas nessa fase: Há algum problema parecido com este? Será que podemos utilizá-lo como referência? Se não for possível dar continuidade ao problema, volte ao item anterior e procure analisar novamente a atividade procurando novas informações.

Quando o estudante já domina a estratégia de resolução, o desenvolvimento da metodologia ocorrerá de forma simples, desde que todas as etapas deste tenham sido executadas. Fica evidente que ele deve ter habilidade em conceitos anteriores, pois só assim desenvolverá as estratégias para chegar à solução.

Torna-se importante enfatizarmos o ponto da análise das fases anteriores: é preciso que o aluno verifique todos os passos da resolução do problema, pois assim será capaz de verificar se é possível aperfeiçoar as estratégias, otimizando ou explicitando melhor a resolução. Além disso, é fundamental questionar os estudantes sobre a possibilidade de outros caminhos para chegar à solução do problema e, ainda, se o resultado é compatível com o solicitado.

Por fim, o professor age novamente, mas dessa vez como formalizador do conceito. A formalização pode ser demonstrada no quadro de giz, resgatando o que foi realizado pelos grupos e estruturando o conceito em linguagem matemática – da informalidade para a formalidade da ciência.

Síntese

Neste capítulo, demonstramos como o processo de aprendizagem da matemática é influenciado por diversos fatores, relacionados, por exemplo, à construção de conceitos matemáticos.

Afirmamos que o ensino de matemática deve estar pautado no raciocínio lógico, principalmente no dedutivo, e apresentamos exemplos de como utilizá-lo no ensino da disciplina.

No que se refere à busca de construção de conceitos matemáticos, apresentamos a metodologia de resolução de problemas, como um recurso extremamente eficaz para o processo de ensino-aprendizagem.

Atividades de autoavaliação

1. Certa quantidade de dados está empilhada no chão de tal forma que os pontos em contato são sempre iguais, ou seja, os pontos constantes nas faces que estão em contato (considerando dois dados) são iguais. Além disso, sabe-se que o dado que está em contato com o chão é 3. Uma informação adicional é que, em qualquer dado, a soma dos pontos das faces opostas é 7. Dessa forma, é possível afirmar que a quantidade de pontos da face superior do dado mais distante do chão é:

    a) sempre um número ímpar.
    b) sempre um número par.

- c) 4, se a quantidade de dados for ímpar.
- d) 4, se a quantidade de dados for par.

2. Considerando o ensino de matemática, é correto afirmar:

   a) Deve-se enfatizar somente conteúdos considerados importantes para o aluno ou aqueles que fazem parte do dia a dia do estudante.

   b) Os conteúdos devem ser apresentados aos estudantes sempre por meio de aula expositiva.

   c) É importante que o educando construa os conceitos matemáticos e, na sequência, realize exercícios de fixação.

   d) Sempre que possível, o ensino de matemática deve partir da problematização para a formalização. Para esse procedimento, pode-se utilizar a metodologia de resolução de problemas.

3. Quanto à história da matemática, é correto afirmar:

   a) É um recurso indispensável e motivador para os alunos.

   b) É um ótimo recurso, mas deve ser usado na exposição de alguns conceitos, pois estudar o passado é prerrogativa da disciplina de História.

   c) Não é importante, pois esse tema não tem relação com o presente, ou seja, a matemática de hoje é diferente da de séculos atrás.

   d) Mais importante é compreender como surgiram os números.

4. Sobre o pensamento e as teorias correlatas ao tema, assinale a alternativa correta:

   a) Piaget afirma que o pensamento é consequência da representação gráfica e da escrita. Vygotsky, por sua vez, afirma que o pensamento existe sem a linguagem, pois esta se desenvolve depois do pensamento.

   b) Piaget afirma que o pensamento vem antes da representação gráfica e da escrita. Vygotsky afirma que o pensamento e a linguagem são processos totalmente interdependentes.

c) Piaget afirma que o pensamento é consequência da representação gráfica e da escrita. Já Vygotsky afirma que o pensamento e a linguagem são processos totalmente interdependentes.

d) Piaget afirma que o pensamento vem antes da representação gráfica e da escrita. Vygotsky vê o pensamento como algo que não existe sem a linguagem, pois a segunda ocorre depois do primeiro.

5. Quanto aos trechos apresentados a seguir, **não** é correto afirmar:

a) "O conhecimento da história dos conceitos matemáticos precisa fazer parte da formação dos professores para que tenham elementos que lhes permitam mostrar aos alunos a matemática como uma ciência que não trata de verdades eternas, infalíveis e imutáveis, mas como uma ciência dinâmica, sempre aberta à incorporação de novos conhecimentos" (Brasil, 1997, p. 30).

b) "É importante que a Matemática desempenhe, equilibrada e indissociavelmente, seu papel na formação de capacidades intelectuais, na estruturação do pensamento, na agilização do raciocínio dedutivo do aluno, na sua aplicação a problemas, situações da vida cotidiana e atividades do mundo do trabalho e no apoio à construção de conhecimentos em outras áreas curriculares" (Brasil, 1997, p. 24-25).

c) "Tradicionalmente, a prática mais frequente no ensino de Matemática não era aquela em que o professor apresentava o conteúdo oralmente, partindo de definições, exemplos, demonstração de propriedades, seguidos de exercícios de aprendizagem, fixação e aplicação, e pressupunha que o aluno aprendia pela reprodução. Considerava-se que uma reprodução correta era evidência de que ocorrera a aprendizagem" (Brasil, 1997, p. 30).

d) "Também a importância de se levar em conta o "conhecimento prévio" dos alunos na construção de significados geralmente é desconsiderada. Na maioria das vezes, subestimam-se os conceitos desenvolvidos no decorrer da atividade prática da criança, de suas interações sociais imediatas, e parte-se para o tratamento escolar, de forma esquemática, privando os alunos da riqueza de conteúdo proveniente da experiência pessoal" (Brasil, 1997, p. 22).

Atividades de aprendizagem

Questões para reflexão

1. A teoria da epistemologia genética afirma que o pensamento é fundamental no processo de ensino-aprendizagem e que ele surge antes da representação gráfica e da escrita. Relacione a importância desse estudo de Piaget com o ensino e a aprendizagem de matemática.

2. Você aprendeu que a resolução de problemas é considerada uma estratégia para o ensino de matemática e que muitos são os pesquisadores que defendem essa ideia. Quais podem ser as contribuições desse recurso para o cotidiano escolar?

Atividade aplicada: prática

1. Escolha um conceito matemático trabalhado na educação básica (ensino fundamental e ensino médio) e proponha uma atividade a ser desenvolvida por meio da resolução de problemas. Indique os pré-requisitos necessários aos alunos, bem como os objetivos a serem alcançados, e tente prever como eles poderiam resolver esse problema. Sugerimos como atividade prévia uma pesquisa sobre trabalhos e propostas de atividades presentes na internet que demonstrem exemplos didáticos de aplicação dessa metodologia.

Tendências de ensino e aprendizagem de Matemática

A matemática como ciência está presente em nosso cotidiano. Ela pode ser encontrada nas formas geométricas, em situações comerciais e na contagem do tempo. Além disso, o ensino e o aprendizado dessa área do conhecimento são objetos de estudo de muitas pesquisas, incluídas no campo da Educação Matemática.

A Educação Matemática tem como objetivo encontrar instrumentos metodológicos que possam ser utilizados no processo de ensino-aprendizagem dessa disciplina e aplicados na compreensão dessa ciência no ambiente escolar, gerando oportunidades para que o aluno a veja como uma disciplina transformadora de seus interesses e suas potencialidades.

Além disso, os pesquisadores desse campo procuram descobrir como ocorre a aquisição do conhecimento matemático no ser humano, evidenciando a necessidade de a escola propiciar aos estudantes oportunidades reais de exploração dessa ciência para a melhora da qualidade de ensino.

Para isso, é necessário que o professor pense na estrutura de suas aulas – o modo de trabalho, a organização dos alunos e a gestão do tempo. Assim, para que o ensino de matemática constitua realmente um momento de aprendizagem para os estudantes, é preciso que o educador planeje cuidadosamente a exposição dos conteúdos e tenha conhecimento de tendências em Educação Matemática. Entre as principais, temos a história da matemática, a resolução de problemas, as atividades investigativas, a etnomatemática, a modelagem matemática e a tecnologias educacionais.

Cabe ressaltar que a Base Nacional Comum Curricular (BNCC) denomina as Tendências em Educação Matemática de **processos matemáticos**:

> Os **processos matemáticos** de resolução de problemas, de investigação, de desenvolvimento de projetos e da modelagem podem ser citados como formas privilegiadas da atividade matemática, motivo pelo qual são, ao mesmo tempo, objeto e estratégia para a aprendizagem [...]. Esses processos de aprendizagem são potencialmente ricos para o desenvolvimento de competências fundamentais para o letramento matemático (raciocínio, representação, comunicação e argumentação) e para o desenvolvimento do pensamento computacional. (Brasil, 2018, p. 266, grifo do original)

Para cada tema aqui abordado existem obras que oferecem aprofundamento necessário. Dessa forma, nosso objetivo é apresentá-las em caráter introdutório, mostrando a essência de cada tendência para que você possa diferenciá-las e utilizá-las em toda sua potencialidade.

4.1 História da Matemática

Você deve ter percebido que a história da matemática já foi apresentada em pequenos recortes neste livro para justificar algumas afirmações realizadas.

Aqui, já enfatizamos que os professores e os futuros profissionais da educação precisam ter conhecimento da história dos conceitos matemáticos. É necessário que essa tendência da Educação Matemática esteja nos currículos dos docentes que vão lecionar essa disciplina em toda a educação básica. Trata-se de uma iniciativa necessária para que esses futuros profissionais tenham elementos que lhes permitam mostrar aos alunos como essa ciência não trata de verdades eternas, infalíveis e imutáveis. Ela é uma ciência dinâmica, à qual sempre estão sendo incorporados novos conhecimentos para a resolução de problemas atuais.

Como você pôde perceber, os alunos necessitam das informações provenientes dessa tendência, principalmente para que verifiquem que a matemática não é apenas fruto da mente humana.

Como afirmamos anteriormente neste livro, os conceitos dessa área do saber surgiram da necessidade do homem de resolver diversos problemas que apareceram no decorrer da história. Assim, é possível realizar estudos interdisciplinares com as disciplinas de História (para a compreensão da situação da época em que surgiram conceitos e teorias matemáticas), Geografia (como era a região onde foi necessária a construção/descoberta de um novo conceito matemático), Filosofia (para o entendimento da relação **espaço** × **tempo**), entre outras. Nas palavras de D'Ambrósio (1999, p. 97), "Desvincular a Matemática das outras atividades humanas é um dos maiores erros que se pratica particularmente na Educação Matemática".

A história da matemática pode ser abordada de diversas formas para que os conceitos relacionados sejam compreendidos pelos alunos de forma mais fácil. Ela pode ser utilizada antes da introdução de um novo conceito, durante sua construção ou, ainda, após a apropriação do conteúdo para exemplificação e demonstração das circunstâncias e condições de seu surgimento.

A seguir, apresentamos algumas propostas de aplicação da história da matemática em sala de aula:

- utilização de documentários, filmes e desenhos animados;
- proposição de resolução de problemas, fazendo com que os alunos procurem soluções semelhantes às dos "descobridores de conhecimento matemático";
- realização de pesquisa bibliográfica sobre conceitos a serem estudados.

Indicações culturais

Uma obra que pode ser de grande auxílio sobre a história da matemática é a de Carl Boyer (1996). Enfatizamos, contudo, que esse livro se concentra no aspecto histórico da matemática, e não na história da matemática como disciplina propriamente dita:

BOYER, C. B. **História da matemática**. Tradução de Elza F. Gomide. 2. ed. São Paulo: Blücher, 1996.

A obra indicada a seguir trata da história da matemática e da história da Educação Matemática:

MIGUEL, A.; MIORIM, M. A. **História na Educação Matemática**: propostas e desafios. Belo Horizonte: Autêntica, 2004.

4.2 Resolução de problemas

A resolução de problemas já foi apresentada no fim do Capítulo 3 desta obra. Diversas diretrizes educacionais (municipais e estaduais), bem como a BNCC, indicam essa metodologia como uma estratégia para o ensino de matemática. Nesta seção, vamos nos aprofundar um pouco mais sobre essa metodologia.

Entre as estratégias e os recursos utilizados na resolução de problemas, podemos citar a **expressão gráfica** (imagens, tabelas, desenhos, maquetes, modelos, entre outros); o **cálculo numérico** (realizado mentalmente, com lápis e papel, calculadora, computadores etc.); o **processo de tentativa e erro**; e a **descoberta de padrões**.

Vamos apresentar diferentes estratégias de resolução de problemas aplicadas à situação-problema a seguir, que contempla diversos níveis da educação básica.

"Vitor Hugo pretende comprar uma bicicleta nova no valor de R$ 375,00. Ele ganha mensalmente o valor de R$ 35,00 de seus pais e já possui uma economia de R$ 60,00. Perguntamos: em quanto tempo Vitor Hugo terá o valor suficiente para comprar a bicicleta?".

Estratégia n. 1 – Acreditamos que você deve ter pensado em resolver o problema apresentado da seguinte forma:

Detalhando o procedimento, você deve ter imaginado como solução primeiramente subtrair o valor que Vitor Hugo já possui guardado do valor total da bicicleta. Na sequência, dividir o valor restante pelo total que o menino ganha mensalmente. Com isso, encontra-se o resultado de 9 meses.

Perfeito! Acreditamos que, em sala de aula, a maioria dos alunos usará essa estratégia para resolver esse problema. Essa forma de raciocínio é apresentada nos anos iniciais do ensino fundamental.

No entanto, devemos ficar atentos a outras formas de resolução e analisar as estratégias dos alunos.

Estratégia n. 2 – Outro método de resolução desse problema consiste nas adições sucessivas:

Por meio desse raciocínio, o aluno obtém o mesmo resultado, mas com uma estratégia diferente da do Exemplo n. 1. Esse método pode ser utilizado por um aluno dos anos iniciais do ensino fundamental ou por meio de determinado conceito estudado no ensino médio. Você saberia identificar de que conceito estamos tratando?

Estamos falando do conceito de **progressão aritmética**!

Veja que é possível trabalhar os mesmos conteúdos com alunos de diferentes níveis de ensino. É claro que, nos anos iniciais, não é necessário utilizar tal nomenclatura, mas a estratégia para a resolução é válida.

Estratégia n. 3 – Ainda utilizando adições sucessivas, alguns alunos preferem não trabalhar com números cujo algoritmo final é diferente de 0 (zero). Para isso, o estudante poderia resolver esse problema da seguinte maneira:

Se Vitor Hugo recebe mensalmente R$ 35,00 reais de seus pais, em dois meses ele receberá R$ 70,00.

Com essa informação, o aluno utiliza a estratégia anterior:

Nesse momento, o aluno percebe que, se adicionar 70 ao valor de 340, o resultado ultrapassará o valor da bicicleta; assim, ele tem de adicionar apenas 35, obtendo R$ 375,00.

Estratégia n. 4 – Outra estratégia é a utilização da regra de três – conceito matemático apresentado aos alunos nos anos finais do ensino fundamental:

Perceba que, nessa estratégia, o aluno diminui do valor total a quantidade que já foi poupada. Na sequência, realiza uma regra de três simples.

Esses exemplos mostram como essa estratégia de ensino e aprendizagem da matemática é rica em possibilidades. Por meio dela, podemos verificar como os alunos "pensam", como é o raciocínio utilizado por eles.

É evidente que o problema aqui ilustrado é simples e que a aplicação dessa estratégia com conceitos e problemas mais complexos pressupõe métodos elaborados e outros recursos, como a representação gráfica.

Indicação cultural

Na literatura, existem diversos trabalhos relacionados à resolução de problemas. Aqui indicamos o seguinte trabalho:

CURY, H. N.; SILVA, P. N. da. Análise de erros em resolução de problemas: uma experiência de estágio em um curso de licenciatura em matemática. **Revista Brasileira de Ensino de Ciência e Tecnologia**, v. 1, n. 1, p. 85-97, jan./abr. 2008. Disponível em: <https://periodicos.utfpr.edu.br/rbect/article/view/226/199>. Acesso em: 3 fev. 2023.

4.3 Atividades investigativas

Antes de adentrarmos no tema da investigação na matemática, cabe perguntarmos: Você sabe o que significa *investigar*?

Para Brocardo, Oliveira e Ponte (2005, p. 13), o termo significa "procurar conhecer o que não se sabe", ou seja, trata-se de uma palavra muito parecida com *pesquisar*. Já no campo da matemática, esses autores afirmam que *investigar* é "descobrir relações entre objetos matemáticos conhecidos ou desconhecidos, procurando identificar as respectivas propriedades" (Brocardo; Oliveira; Ponte, 2005, p. 13). Além disso, os estudiosos indicam a presença dessa tendência em quatro momentos, indicados a seguir.

1. **Exploração e formulação de questões** – O aluno reconhece e explora a situação-problema a ser resolvida por meio da formulação de questionamentos.

2. **Realização de conjecturas** – O estudante organiza os dados do problema e formula novas afirmações sobre dada conjectura.

3. **Realização de testes e verificação da precisão das conjecturas** – O aluno aplica suas afirmações e avalia se suas conjecturas estão bem definidas ou se é preciso refiná-las.

4. **Elaboração das justificativas e avaliação da resolução** – O aluno pode verificar o raciocínio utilizado.

5. *Conjecturar* significa "Depreender ou julgar por conjectura, presumir, prever, supor" (Conjecturar, 1998).

Perceba que, de acordo com as etapas anteriormente indicadas, as atividades de investigações e a resolução de problemas se relacionam de forma agradável. No entanto, nas atividades investigativas, os alunos não contam com métodos que permitam a resolução imediata da atividade; além disso, pode haver diversas conclusões para o mesmo problema.

Um exemplo dessa possibilidade metodológica é o trabalho desenvolvido por Silva, Góes e Colaço (2011), no qual propuseram a utilização de *softwares* de geometria para que os alunos explorassem, por exemplo, paralelogramos; ao final da atividade, os estudantes deveriam propor uma definição para a referida figura. Por meio desse trabalho, três definições sobre o paralelogramo foram propostas pelos alunos em sala de aula: i) é o quadrilátero que tem lados opostos iguais; ii) é o quadrilátero que dispõe de ângulos opostos iguais; iii) é o quadrilátero que conta com lados opostos paralelos (Silva; Góes; Colaço, 2011).

Perceba que todas as definições estão corretas e que o debate em sala de aula para mostrar essa coincidência é muito produtivo, uma vez que favorece o envolvimento do aluno em sua própria aprendizagem. Nessa abordagem, o aluno realiza o mesmo **processo de descoberta** dos grandes matemáticos, uma vez que formula questões, conjectura, discute, argumenta e prova que o resultado obtido está correto.

No que se refere ao professor, nessa metodologia de trabalho, é necessário que ele planeje suas atividades e reflita sobre as possíveis estratégias de resolução destas e se esses exercícios estão realmente adequados ao nível de ensino no qual os alunos se encontram. Esses procedimentos são importantes principalmente para auxiliar o docente em trabalhos futuros. Não é algo simples de ser realizado; no entanto, à medida que o educador utiliza a investigação matemática em sala de aula, ela se torna um recurso facilitador para que os alunos solucionem as atividades com menos dificuldade.

Além disso, o **planejamento é fundamental** para enfrentar certos imprevistos: como cada aluno tem uma forma de investigar o problema e de resolvê-lo, podem ocorrer situações em que o educador tenha de pesquisar e analisar se a estratégia utilizada pelo aluno está correta. Para alguns profissionais da educação, essa iniciativa gera certo desconforto, pois ainda acreditam que são os detentores do saber e se esquecem de que são apenas mediadores no processo de ensino-aprendizagem.

Dessa forma, caso você aplique a abordagem investigativa em suas aulas, é preciso que defina bem a questão-problema, relembrando conjecturas anteriores, indicando uma possível solução para o problema. Se for necessário, realize testes práticos fora da sala de aula para provar as novas conjecturas ou recolha dados a serem utilizados na resolução da questão-problema. Por fim, valide os resultados obtidos por meio de argumentação, questionamentos e discussões.

Com base em tais considerações, podemos afirmar que a investigação matemática implica um processo complexo do raciocínio, demanda criatividade por parte dos alunos e contribui para o desenvolvimento de habilidades matemáticas.

Indicações culturais

Caso você queira se aprofundar no tema das atividades investigativas, indicamos a leitura das experiências a seguir.

Atividade investigativa no ensino de geometria:

SILVA, M. V. da; GÓES, A. R. T.; COLAÇO, H. A geometria dinâmica no ensino e aprendizado da classificação de paralelogramos. **Educação Gráfica**, Bauru, v. 15, n. 1, p. 63-80, 2011. Disponível em: <http://www.educacaografica.inf.br/artigos/a-geometria-dinamica-no-ensino-e-aprendizado-da-classificacao-de-paralelogramos>. Acesso em: 3 fev. 2023.

Experiência com investigação matemática envolvendo alunos do ensino médio:

RAMOS, R. M. dos S. F. **A investigação matemática como suporte para o estudo de sequências e regularidades**: uma experiência com alunos do 1º ano do ensino médio. 121 f. Dissertação (Mestrado Profissional em Matemática) – Universidade Estadual do Sudoeste da Bahia, Vitória da Conquista, 2015. Disponível em: <http://www2.uesb.br/ppg/profmat/wp-content/uploads/2018/11/Dissertacao_ROSE_MARY_DOS_SANTOS_FARIAS_RAMOS.pdf>. Acesso em: 3 fev. 2023.

Utilização de jogos e calculadora nas investigações matemáticas:

GONÇALVES, A. O.; GONÇALVES, C. C. S. A. A torre de Hanói: um trabalho com investigações matemáticas, resolução de problemas e a calculadora. In: CONGRESSO NACIONAL DE EDUCAÇÃO – EDUCERE, 10., 2011, Curitiba. **Anais**... Curitiba: PUCPR, 2011. Disponível em: <https://silo.tips/download/a-torre-de-hanoi-um-trabalho-com-investigaoes-matematicas-resoluao-de-problemas>. Acesso em: 3 fev. 2023.

4.4 Etnomatemática

A etnomatemática (o prefixo *etno-* significa "cultura") é uma tendência matemática que surgiu na década de 1970, cujo foco de análise são as práticas matemáticas em diversos locais e contextos culturais (D'Ambrosio, 1999). Como exemplo, podemos citar as manifestações da matemática encontradas no comércio, na construção civil, no ambiente doméstico, entre outros ambientes.

É evidente que o caso citado pressupõe uma matemática específica: no comércio, um vendedor está inserido em uma realidade totalmente diferente da de um integrante de uma comunidade indígena que ainda mantém suas tradições e cultura.

O principal objetivo dessa tendência é possibilitar que a matemática seja viva, que se desenvolva por meio do questionamento e da análise de situações reais no espaço e no tempo de certo grupo e de sua cultura, uma vez que cada comunidade produz matemáticas para suprir suas necessidades por meio de métodos específicos de comparação, medida, quantificação e classificação.

Por exemplo: uma dona de casa deve se preocupar com medidas de comparação ao fazer uma receita de bolo, em virtude do uso de xícaras, colheres e copos. Já no comércio essas mesmas medidas são consideradas em gramas, quilogramas e litros.

Por meio dessa metodologia, o educador deve buscar realizar ações pedagógicas condizentes com a realidade do contexto sociocultural no qual o indivíduo está inserido, até porque a matemática surgiu da tentativa dos indivíduos de resolver problemas circunscritos a determinada cultura.

Nessa tendência, o processo de ensino-aprendizagem da matemática não está enclausurado na sala de aula, pois o professor precisa conhecer a realidade cultural dos estudantes para então propor o que é necessário e importante. Esse procedimento estabelece um elo muito mais forte entre a teoria e a prática e não descaracteriza o sentido científico/escolar do ensino de matemática.

Para D'Ambrosio (1999), a etnomatemática é um programa pedagógico, não uma metodologia isolada em que o professor procura articular conceitos matemáticos com a realidade do aluno.

Indicações culturais

Muitos são os trabalhos que apresentam sugestões de abordagens da etnomatemática. Aqui indicamos alguns materiais para que você possa aprofundar seus estudos sobre o assunto.

Sobre etnomatemática e educação de jovens e adultos (EJA), indicamos o seguinte trabalho:

FANTINATO, M. C. de C. B. Contribuições da etnomatemática na educação de jovens e adultos: algumas reflexões iniciais. **Caderno Dá-licença**, ano 6, n. 5, p. 87-95, dez. 2004. Disponível em: <https://dalicenca.uff.br/wp-content/uploads/sites/204/2020/05/Etnomatemtica.pdf>. Acesso em: 3 fev. 2023.

Sobre a etnomatemática na cultura indígena, indicamos os seguintes materiais:

ANDRADE, L. de. **Etnomatemática**: a matemática na cultura indígena. 46 f. Trabalho de Conclusão de Curso (Licenciatura em Matemática) – Departamento de Matemática, Universidade Federal de Santa Catarina, Santa Catarina, 2008. Disponível em: <https://repositorio.ufsc.br/bitstream/handle/123456789/96632/Leila_de_Andrade.pdf?sequence=1>. Acesso em: 3 fev. 2023.

MONTEIRO, H. S. R.; SIMONI, J. A. de. Etnomatemática e educação intercultural bilíngue: perspectivas para pensar a educação escolar indígena. In: CONFERÊNCIA INTERAMERICANA DE EDUCAÇÃO MATEMÁTICA, 14., 3-7 maio 2015, México. **Anais...** México: ICMI, 2015. Disponível em: <http://xiv.ciaem-iacme.org/index.php/xiv_ciaem/xiv_ciaem/paper/viewFile/541/246>. Acesso em: 3 fev. 2023.

Trabalho de etnomatemática desenvolvido com alunos da educação básica:

LEONARDI, R. M.; RIBEIRO, F. D. Matemática e artesanato indígena: uma abordagem centrada na perspectiva da etnomatemática. In: ENCONTRO NACIONAL DE EDUCAÇÃO MATEMÁTICA, 8., 2004, Recife. **Anais...** Recife: UFPE, 2004. Disponível em: <http://www.sbembrasil.org.br/files/viii/pdf/02/RE96199091949.pdf>. Acesso em: 3 fev. 2023.

Assim, podemos concluir esta seção com a seguinte questão: A matemática utilizada por uma dona de casa, por um indígena (que mantém suas tradições e culturas), por um comerciante e por um trabalhador da construção civil é a mesma? Se esses indivíduos, inseridos nesses contextos sociais, estivessem na mesma sala de aula, os conceitos matemáticos trabalhados teriam a mesma função? A geometria, por exemplo, teria para eles a mesma importância? Pense nisso!

4.5 Modelagem matemática

Antes de você entender em que consiste a metodologia da modelagem matemática, é importante apresentarmos a origem do termo *modelo*.

Modelo pode ser entendido como uma representação simplificada da realidade e sua reconstrução, mantendo sua essência. É utilizado para a explicação, a compreensão e a ação sobre o real. Relacionando o modelo com a matemática, podemos afirmar que o modelo matemático não substitui a realidade, apenas a representa de forma simplificada. Por isso, podemos utilizá-lo em sala de aula (Góes; Góes, 2016).

A **modelagem matemática** é utilizada tanto na área de educação como na área da matemática pura, mas com diferenças consideráveis. Na área de matemática pura, geralmente se utiliza a modelagem matemática por meio de equações (ou inequações, ou funções) e de criação de modelos (conjuntos de regras e procedimentos) para a previsão ou associação de fenômenos (ou processos) – o agrupamento de padrões, por exemplo. Geralmente está associada a uma área denominada *pesquisa operacional* (Góes; Góes, 2016).

Na educação, a modelagem matemática é aplicada de forma mais simples, considerando-se a complexidade da representação ou aplicação de conceitos característicos, geralmente da educação básica, mostrando aos alunos a importância da matemática em seu cotidiano e nas demais situações sociais. Com isso, proporcionam-se a motivação, o desenvolvimento do raciocínio lógico-dedutivo e a formação crítica dos estudantes (Góes; Góes, 2016).

Nesta seção, apresentaremos brevemente essa segunda aplicação da modelagem matemática, ou seja, na educação, visto que esta obra é destinada à formação de professores. No entanto, para aqueles que tiverem a curiosidade de saber um pouco mais sobre a pesquisa operacional*, outra forma de modelagem matemática, sugerimos a leitura de Góes (2005).

Existem diversos pesquisadores que trabalham com essa tendência de Educação Matemática. Vejamos o que esses estudiosos entendem por **modelagem matemática**.

Para Bassanezi (2002, p. 16), a modelagem matemática é a "arte de transformar problemas da realidade em problemas matemáticos e resolvê-los interpretando suas soluções na linguagem do mundo real". Já para Biembengut (1999, p. 7), é "a arte de expressar, por intermédio de linguagem matemática, situações-problemas de nosso meio; sua presença é verificada desde os tempos mais primitivos". Em outras palavras, a "modelagem é tão antiga quanto à própria matemática, surgindo de aplicações na rotina diária dos povos antigos" (Biembengut; Hein, 2003, p. 8).

Essa tendência permite realizar um caminho contrário ao que usualmente é apresentado em sala de aula: de acordo com essa metodologia, não é o conteúdo que determina os problemas a serem trabalhados; é

---

*Um dos métodos da pesquisa operacional é a modelagem matemática, ou seja, a transformação de problemas reais em equações e inequações que são resolvidas por meio de *softwares* e algoritmos. Com esse recurso, resolvemos problemas e obtemos respostas que são analisadas e verificadas quanto à sua validade.

a modelagem que determina os problemas e os conteúdos que serão utilizados para sua resolução.

É possível realizar uma analogia da modelagem matemática com uma receita de bolo: na ausência da modelagem matemática no ensino, é como se você visse a receita e não fizesse o que ela prescreve. Já quando a modelagem está presente no processo de ensino-aprendizagem, você faz o bolo verificando se os ingredientes estão corretos; por meio desse procedimento, você pode analisar o que pode ser alterado, retirado ou acrescentado para tornar seu bolo ainda melhor.

Acreditamos que você percebeu o quanto essa tendência é importante, certo? Trata-se de um instrumento pedagógico que envolve pesquisa, coleta e análise de dados e atividades em equipe, procedimentos que motivam os alunos a realizar pesquisas por meio de dados experimentais para chegar a conclusões/modelos que descrevem determinado fenômeno. Portanto, os alunos aprendem a fazer matemática à medida que "fazem e refazem" seus modelos.

Neste ponto do texto, você deve estar se perguntando: "Como posso utilizar a modelagem matemática?".

São três as fases definidas por Biembengut (1999) para a aplicação dessa metodologia:

1. **Escolha do tema** – Esse procedimento pode ser realizado pelo professor, que deve verificar que assunto se adapta mais ao nível escolar dos alunos, prevendo os conceitos associados para o trabalho com os estudantes. Vale lembrar que a modelagem matemática não é presa a um currículo, tampouco há uma "ordem" para trabalhar os conteúdos. A escolha do tema também pode ser realizada por meio de uma discussão entre os alunos, que podem propor o assunto de maior interesse. A pesquisa sobre o tema pode ser feita na própria escola ou no ambiente familiar. As fontes a serem utilizadas podem ser: livros, revistas, textos da internet, entrevistas ou relatos de experiências vivenciadas pelos alunos pela comunidade em que vivem. O professor deve auxiliar os alunos no entendimento das questões relacionadas ao tema da pesquisa. Os questionamentos devem partir

dos grupos de estudantes; caso isso não ocorra, o professor deve buscar um caminho que induza os alunos a buscar seus próprios problemas.

2. **Elaboração de questionamentos/hipóteses** – É necessário que as primeiras questões sejam simples, para que sua solução seja possível com os conhecimentos matemáticos já conhecidos/estudados. Para esse procedimento, as informações devem ser classificadas de acordo com sua relevância, e o caminho para a resolução dos problemas escolhidos precisa ser determinado. Por meio desse processo, há uma ampliação das ideias, sendo necessário o estudo de conteúdos matemáticos novos, enquanto conhecimentos já trabalhados devem ser retomados. Ainda nessa fase, os alunos tomam decisões, e é importante que o educador deixe claro que o problema não precisa necessariamente ser solucionado com exatidão, ou seja, que suposições ou aproximações podem ser utilizadas. Com isso, é necessário que o professor crie um modelo prévio que contenha a solução exata do problema.

3. **Resolução do modelo gerado** – Nesse estágio devem ser utilizados os conceitos e os algoritmos da matemática para a solução. Resolvido o problema, a modelagem matemática ainda deve ser aplicada na interpretação dos resultados obtidos e na verificação de sua validade. Em seguida, o educador deve sugerir uma discussão das soluções encontradas, questionando os alunos sobre os conteúdos desenvolvidos.

Nessa tendência da Educação Matemática, a avaliação ocorre no desenvolvimento do processo e de cada um dos itens estudados.

> Por ser uma estratégia de ensino e aprendizagem de grande importância na matemática, dedicamos uma obra sobre a temática com o título de *Modelagem Matemática: teoria, pesquisas e práticas pedagógicas,* publicada pela Editora InterSaberes. Convidamos que façam a leitura para conhecer em maior profundidade essa estratégia.

Indicações culturais

Muitas são as experiências sobre modelagem matemática. Sugerimos que você analise algumas delas e verifique como os autores trabalham com elas:

CARMINATI, N. L. **Modelagem matemática**: uma proposta de ensino possível na escola pública. 2008. Disponível em: <http://www.diaadiaeducacao.pr.gov.br/portals/pde/arquivos/975-4.pdf>. Acesso em: 25 dez. 2022.

MOTA, R. I. **Modelagem matemática e o esporte contribuindo para o ensino-aprendizagem**. Disponível em: <https://repositorio.ucb.br:9443/jspui/bitstream/10869/1862/1/Renato%20Icassati%20Mota.pdf>. Acesso em: 9 fev. 2023.

SCHELLER, M.; BONOTTO, D. de L. Estratégias de resolução de situação problema de modelagem matemática e o pensamento proporcional: um estudo com estudantes de pedagogia. **Amazônia – Revista de Educação em Ciências e Matemáticas**, v. 16, n. 36, Belém, 2020. Disponível em: <https://www.periodicos.ufpa.br/index.php/revistaamazonia/article/view/7704>. Acesso em: 3 fev. 2023.

4.6 Tecnologias educacionais

Outro recurso utilizado para o ensino de matemática são as tecnologias educacionais. Você já percebeu como as tecnologias interferem no cotidiano e que estão cada vez mais presentes na educação?

Temos certeza de que, ao ler a palavra *tecnologia*, você pensou em computadores, *tablets*, *smartphones*, entre tantos outros aparatos eletrônicos. No entanto, vamos demonstrar nesta seção que a tecnologia na educação vai muito além desses aparelhos.

A tecnologia se confunde com os primórdios da humanidade. Através dos tempos, o homem conseguiu sobreviver graças à sua engenhosidade. O ser humano passou a registrar suas descobertas e inovações por meio de pinturas, que, posteriormente, evoluíram para a escrita. Para esses registros, estavam à disposição as pedras, a madeira, o pergaminho, o papel e, atualmente, os suportes computacionais (editores de textos, entre outros recursos).

Mas, afinal, o que é tecnologia?

> Para Kalinke (1999, p. 101), *tecnologia* é "todo o conjunto de recursos, máquinas e equipamentos disponíveis para uso em qualquer atividade produtiva".
> Já para Kenski (2007, p. 24), *tecnologia* consiste em um "conjunto de conhecimentos e princípios científicos que se aplicam ao planejamento, à construção e à utilização de um equipamento em um determinado tipo de atividade".

Assim, podemos concluir que a tecnologia educacional é todo recurso que facilite o processo de ensino-aprendizagem. Portanto, é inequívoco afirmar que essa ferramenta auxilia o educador em seu trabalho, cabendo a esse profissional o papel de mediação para que o uso desse recurso seja significativo.

Diversos recursos tecnológicos estão presentes no ambiente escolar, sejam incorporados à educação há muito tempo, sejam classificados como novas tecnologias. Entre eles, podemos citar: quadro de giz, livros, gibis, cadernos, lápis, computadores, vídeo, rádio, cartazes, projetores, murais, TV, jornais, DVD e revistas.

A tecnologia não pode ser considerada algo neutro, material e estático – ela é um processo histórico que interfere diretamente no contexto escolar, um espaço que reúne diversas culturas, também chamadas de *mestiçagem* (Martín-Barbero, 1997). A importância de se conhecer diversas culturas reside no fato de que as tecnologias influenciam a atuação dos sujeitos mediados pelos avanços tecnológicos. Podemos afirmar que a escola é um local no qual se pode ir além dos desafios apresentados pelo mundo cultural marcado pela presença das tecnologias.

De acordo com Martín-Barbero (1997), Brito e Purificação (2006) e Valente (2003), é evidente que a utilização de recursos tecnológicos ajuda na dinamização e na potencialização do processo de ensino-aprendizagem, mas devemos lembrar que a inserção das tecnologias na educação por si só não garante mudanças, é necessário que os profissionais estejam envolvidos com a educação. Nas palavras de Valente (2003, p. 23): "o educador deve estar preparado e saber intervir no processo de aprendizagem do aluno, para que ele seja capaz de transformar as informações (transmitidas e/ou pesquisadas) em conhecimento, por meio de situações-problema, projetos e/ou outras atividades que envolvem ações reflexivas".

Nesse sentido, é preciso que os educadores da atualidade reflitam sobre como explorar os recursos – computacionais ou não –, como os provenientes do campo de estudos da expressão gráfica, que possibilitam um trabalho diferenciado de ensino.

Esse trabalho precisa proporcionar condições para que o aluno aprenda a buscar informações e a usá-las. Conforme Britto e Purificação (2006, p. 87),

> o computador na escola não deve ser mais encarado apenas como um mero suporte, nem como um meio pelo qual o professor poderá mudar sua postura, mas, sim, deve ser incorporado no cotidiano do meio social escolar enquanto um recurso desenvolvido pela humanidade que tem muitas possibilidades ainda não descobertas.

Nesse contexto, a escolha de um *software* educacional, por exemplo, deve ficar a cargo do professor, uma vez que ele é o mediador no processo de ensino-aprendizagem. Com base nesse processo, o educador deve planejar a forma de abordar os conceitos matemáticos para uma melhor compreensão do aluno. O profissional da educação precisa articular seu conhecimento tecnológico e pedagógico para proporcionar ao educando momentos de interação e desenvolvimento e motivá-lo a perceber as diferentes aplicações da tecnologia.

Na matemática, em relação ao uso do computador, temos a geometria dinâmica como elemento da tecnologia educacional. O uso do computador no ensino de geometria contribui para a visualização geométrica, que é vital no processo de construção do conhecimento.

Com a introdução dos computadores no ambiente escolar, muitos deixaram de lado os desenhos realizados com lápis e papel e começaram a fazê-los diretamente no computador. Apesar da otimização do tempo, visto que com *softwares* de geometria dinâmica podemos realizar uma grande variedade de figuras geométricas ou modificá-las – o que não seria possível realizar à mão livre ou com instrumentos de desenho –, a utilização dos computadores também trouxe algumas dificuldades para o processo de ensino-aprendizagem, sendo a principal delas a que se refere às propriedades das figuras geométricas. Como os *softwares* trazem comandos prontos, como mediatriz, bissetriz, retas paralelas, entre outros, muitas propriedades foram "esquecidas".

> Por meio da geometria dinâmica, o professor pode iniciar o conhecimento pela geometria propriamente dita e "passear" por todas as áreas da matemática com atividades que explorem o desenho e a resolução de problemas.

Os *softwares* mais comuns de geometria dinâmica são o GeoGebra©, o Régua e Compasso, o Cabri Géomètre©, entre outros. Alguns desses *softwares* são gratuitos, como o Régua e Compasso (em sua versão mais atual C.a.R. Metal) e o GeoGebra©. Além disso, existem diversos tutoriais (textos que ensinam como utilizar esses *softwares*) e videoaulas disponíveis na internet.

Diversos registros de práticas pedagógicas com o uso da geometria dinâmica podem ser encontrados em anais de eventos e em revistas. Podemos indicar os materiais de Silva, Góes e Colaço (2011), Góes e Colaço (2009), Colaço e Góes (2012) e Dalarmi e Góes (2013).

Indicações culturais

Caso você queira se aprofundar no tema desta seção, sugerimos algumas leituras.

O livro a seguir traz reflexões e sugestões sobre o uso de computadores e calculadora no ensino de matemática:

FOLADOR, D. **Tópicos especiais no ensino de Matemática**: tecnologias e tratamento da informação. Curitiba: InterSaberes, 2007.

A obra a seguir apresenta possibilidades de ensino com a utilização de novas tecnologias:

MUNHOZ, M. de O. **Propostas metodológicas para o ensino de matemática**. Curitiba: InterSaberes, 2012.

Síntese

No processo de ensino-aprendizagem, o professor deve planejar cuidadosamente como desenvolverá os conteúdos matemáticos para que o aluno compreenda os conceitos dessa área do saber.

Para que isso ocorra, os pesquisadores em Educação Matemática indicam diversas tendências, fruto de pesquisas que são desenvolvidas desde meados do século XX. Assim, neste capítulo, apresentamos as seguintes tendências em Educação Matemática: história da matemática, resolução de problemas, atividades investigativas, etnomatemática e tecnologias educacionais.

Indicamos o modo como cada uma delas deve ser utilizada no processo de ensino e sugerimos também obras complementares, visto que cada uma dessas tendências conta com outros aspectos que podem ser explorados.

Atividades de autoavaliação

1. Qual das tendências elencadas neste capítulo deve estar obrigatoriamente nos currículos dos futuros profissionais da educação em matemática, uma vez que permite ao educador mostrar aos alunos que a matemática, como ciência, não trata de verdades eternas, infalíveis e imutáveis?

a) Etnomatemática.
b) História da matemática.
c) Resolução de problemas.
d) Tecnologias educacionais.

2. Qual das tendências em Educação Matemática elencadas a seguir é indicada em diversas diretrizes (municipais e estaduais) e também pela BNCC como um caminho para o processo de ensino-aprendizagem dessa ciência?

a) Atividades investigativas.
b) Modelagem matemática.
c) Resolução de problemas.
d) Tecnologias educacionais.

3. Indique a tendência em Educação Matemática em que o aluno deve explorar o problema, realizar conjecturas e testes, formular questões e novas afirmações, organizar dados e analisar os resultados obtidos:

a) Atividades investigativas.
b) Etnomatemática.
c) Resolução de problemas.
d) Tecnologias educacionais.

4. A análise de práticas matemáticas produzidas por indivíduos inseridos em diversos locais e contextos culturais, que torna a ciência da matemática mais viva, é característica da seguinte tendência da Educação Matemática:

a) Atividades investigativas.
b) Etnomatemática.
c) Modelagem matemática.
d) Tecnologias educacionais.

5. Ao utilizar essa tendência da Educação Matemática, você realiza um caminho contrário ao que usualmente é apresentado em sala de aula, uma vez que não é o conteúdo que determina os problemas a serem trabalhos, mas sim a _____, que determina os problemas e conteúdos que surgirão para a resolução das questões:

    a) atividade investigativa.
    b) etnomatemática.
    c) história da matemática.
    d) modelagem matemática.

Atividades de aprendizagem

Questões para reflexão

1. O ensino de matemática não se resume a apenas resolver algoritmos de adição, subtração, divisão e multiplicação. Sabemos que o ensino dessa ciência vai muito além, e é por isso que as tendências da Educação Matemática têm um lugar tão importante nesse processo. Como demonstramos neste capítulo, uma das tendências é a etnomatemática. Reflita sobre quais são os aspectos positivos que essa tendência pode proporcionar ao ensino e à aprendizagem da matemática.

2. A modelagem matemática é uma das tendências da Educação Matemática que você estudou neste capítulo. Como ela pode ser inserida em sala de aula?

Atividade aplicada: prática

1. Escolha uma das tendências em Educação Matemática estudadas neste capítulo e pesquise uma prática realizada em um nível de ensino com o qual você tem mais afinidade (ensino fundamental

ou ensino médio). Após analisar a atividade escolhida, proponha alterações que você considere necessárias para melhor contribuir para o processo de ensino-aprendizagem.

Análise e Organização de Programas de Ensino

Neste capítulo, apresentaremos a diferença entre o programa de ensino e o plano de aula, bem como o que cada um deles contempla. Além disso, indicaremos algumas sugestões de planejamento de aula e demonstraremos a importância do diário de bordo de suas atividades em sala de aula, mostrando formas de elaborá-lo. Também trataremos das formas de avaliação e da elaboração de atividades que o professor de Matemática deve desenvolver em seu cotidiano.

5.1 Programa de Ensino, Plano de Ensino e Plano de Aula

O **programa de ensino** é o documento que define a organização das disciplinas que serão ofertadas por determinado curso de dada instituição. Ele tem a finalidade de informar a organização das disciplinas aos alunos e aos órgãos do estabelecimento de ensino, como o Colegiado de Curso, a Pró-Reitoria de Ensino de Graduação e o Conselho de Educação.

Um programa de ensino precisa conter as seguintes informações:

- **Identificação da disciplina**, que, muitas vezes, conta com um código alfanumérico, o nome da disciplina, bem como a carga horária semanal ou total.
- **Requisitos**, que se referem ao código e ao nome das disciplinas que o aluno deve obrigatoriamente cursar.
- **Identificação da oferta**, ou seja, para quais cursos a disciplina é ofertada.
- **Objetivos da disciplina**, cuja finalidade é esclarecer as contribuições que a disciplina oferece para a formação profissional, ou seja, qual é a relação entre o curso e a disciplina.
- **Conteúdo programático**, que é a ementa em que se encontra a síntese da ideia do programa.
- **Bibliografia**, que é a lista de fontes teóricas utilizadas nas disciplinas ofertadas pelo curso.

Como foi possível observar, o programa de ensino ao qual nos referimos está voltado ao ensino superior. Quando tratamos do ensino fundamental, muitas dessas informações podem estar escritas no projeto político-pedagógico (PPP) da instituição de ensino (escola – se oferecer turmas até o 9º ano do ensino fundamental; colégio – se oferecer turmas até a 3ª série do ensino médio), nas diretrizes municipais ou estaduais ou em outros documentos oficiais.

Quanto ao **plano de ensino** de cada disciplina, referimo-nos aqui ao documento construído pelo professor ministrante da disciplina ou pelo grupo de professores responsável. Esse documento resulta das especificações do programa de ensino da referida disciplina. Além dos objetivos, do conteúdo programático, da bibliografia e da relação de professores integrantes do programa, devem ser incluídos no plano de ensino a ementa e a metodologia, bem como constar a forma de avaliação e o cronograma de atividades.

A **ementa** deve ser formada por um parágrafo que indique os tópicos que fazem parte do conteúdo da disciplina, limitando sua abrangência à carga horária estabelecida. Esse item deve ser sintético e objetivo, assim como deve ter relação com o PPP do referido curso.

Com relação aos **objetivos da disciplina**, Gil (2012, p. 37) afirma que eles "representam o elemento central do plano e de onde derivam os demais elementos", devendo ser apresentados em forma de tópicos nos quais constem entre dois e cinco objetivos a serem atingidos na ementa, podendo ser separados em **objetivo geral** e **objetivos específicos**. Os objetivos englobam o que os alunos devem compreender, conhecer, analisar e avaliar no decorrer da disciplina.

O **conteúdo programático** deve contemplar a descrição de conteúdos indicados na ementa. Aqui é necessário esclarecer que o conteúdo programático difere do eixo temático, visto que o primeiro contempla a totalidade da disciplina.

A **metodologia**, também conhecida como *estratégia de aprendizagem*, consiste nas formas utilizadas pelos professores para facilitar o processo de ensino-aprendizagem. Nesse ponto do plano de ensino, é importante indicar os materiais, os procedimentos que serão adotados ao longo da disciplina, a forma das aulas, entre outros detalhes.

É de extrema importância que o professor deixe claro como ocorrerá a **avaliação** (diagnóstica, formativa ou processual, somativa, periódica, sistemática, contínua), apontando os critérios que serão utilizados, as formas de avaliação, os pesos de cada processo avaliativo, entre outras informações. A avaliação está diretamente ligada a todos os tipos de mecanismos e instrumentos por meio dos quais o professor verificará se os objetivos propostos foram alcançados ao longo da disciplina.

Uma das funções do professor é indicar fontes de leitura e pesquisa referentes aos conteúdos programáticos que serão trabalhados em sala de aula durante a disciplina. Essas indicações podem ser de livros, artigos, materiais impressos, textos na internet, entre outros.

Perceba que o plano de ensino é um planejamento do desenvolvimento da disciplina durante o ano, semestre, trimestre ou bimestre (conforme a característica de cada instituição). Na educação básica, o plano de ensino também é denominado pelos professores de *planejamento* (anual, semestral, trimestral ou bimestral) e traz as mesmas informações indicadas anteriormente, exceto a "ementa", que é comumente denominada *unidade didática* ou *unidade de conteúdo*.

Indicações culturais

Consulte nos sites *a seguir conteúdos interessantes sobre avaliação:*

ALENCAR, V. de. Oito formas de avaliar sem ser por múltipla escolha. **Porvir**, 11 mar. 2013. Disponível em: <http://porvir.org/porpensar/8-formas-de-avaliar-sem-ser-por-multipla-escolha/20130311>. Acesso em: 3 fev. 2023.

FUNÇÕES da avaliação escolar. **Só Pedagogia**. Disponível em: <http://www.pedagogia.com.br/artigos/funcoes_avaliacao/index.php?pagina=2>. Acesso em: 3 fev. 2023.

PELLEGRINI, D. Avaliar para ensinar melhor. **Nova Escola**, 1º jan. 2003. Disponível em: <https://novaescola.org.br/conteudo/395/avaliar-para-ensinar-melhor>. Acesso em: 3 fev. 2023.

O documento mais detalhado é o **plano de aula**. Nele deve estar contida toda a sistematização da situação didática concreta da aula. Dessa forma, o texto descreve detalhadamente este momento que ocorrerá entre alunos e professores: a aula.

O plano de aula deve estar condizente com o plano de ensino e de acordo com a característica de cada instituição. No entanto, alguns itens devem estar sempre presentes nesse documento, independentemente do estabelecimento de ensino, quais sejam:

- definição dos objetivos;
- conteúdos a serem abordados;
- atividades propostas;
- forma de desenvolvimento dos conteúdos;
- metodologia utilizada para a construção de novos conceitos;
- forma de sistematização da aula;

- exercícios propostos;
- formas e recursos de avaliação.

De acordo com Spudeit (2014), o professor deve utilizar o plano de aula para organizar um cronograma e separar o conteúdo programático em etapas para cada aula, contemplando atividades e pesquisas/leituras para serem realizadas em sala de aula ou em casa. Além disso, é necessário que cada aula seja documentada, uma vez que isso simplifica o entendimento da sistematização das atividades, de modo a facilitar o sucesso dos objetivos propostos.

Um plano de aula deve conter os seguintes itens:

- **Identificação** – Seção em que devem constar o nome da instituição, do docente responsável e da disciplina, a série/o ano, o nível de ensino (ensino fundamental ou ensino médio) ou curso (ensino superior) e o tempo de duração da aula.
- **Assunto** – Indicação do tópico que será abordado.
- **Conteúdo específico** – Indicação do conceito que será desenvolvido em relação ao assunto descrito anteriormente.
- **Objetivo geral e objetivos específicos** – Indicação do que o professor pretende que os alunos compreendam ao final da aula.
- **Recursos** – Relação dos materiais a serem utilizados no decorrer da aula.
- **Conhecimento prévio** – Indicação dos conceitos que o aluno precisa ter compreendido para iniciar a aula.
- **Desenvolvimento** – Introdução ao tema, motivação, metodologia (como o professor vai abordar os conteúdos), especificando em quais momentos os recursos serão utilizados para promover o ensino e a aprendizagem.
- **Avaliação** – Indicação da forma como o professor pretende avaliar (provas escritas, participação em sala de aula, pesquisas, trabalhos, tarefas para casa, tarefas em sala).
- **Síntese da aula** – Descrição sucinta da aula retomando o que foi desenvolvido.

- **Referências e/ou bibliografia consultada** – Relação dos textos utilizados como base para a "construção da aula".

Podemos encerrar esta seção afirmando que o programa de ensino é composto de plano de ensino, o qual, por sua vez, é composto de vários planos de aula. A elaboração desses documentos é imprescindível para o desenvolvimento dos conceitos durante a aula, pois, por meio deles, o professor planeja sua aula verificando metodologias, recursos e demais componentes presentes no processo de ensino-aprendizagem, tendo em vista o objetivo principal: a compreensão dos conceitos pelos alunos.

5.2 Como planejar a aula

Agora que já tratamos da diferença entre programa de ensino, plano de ensino e plano de aula, vamos demonstrar nesta seção como planejar a aula.

Entre as principais etapas que contemplam um projeto pedagógico, podemos afirmar que a principal é o **planejamento**, uma vez que as metas educacionais se articulam às estratégias de ensino, enquanto estas se ajustam às possibilidades reais. Além do planejamento, há um documento na escola denominado *projeto político-pedagógico* (PPP), no qual constam as orientações gerais sobre os objetivos da instituição. Essas diretrizes relacionam-se ao contexto do sistema educacional e da comunidade à qual o estabelecimento está associado.

O processo de planejamento deve ser realizado por meio da organização, da combinação e da coordenação de aspectos da atividade do professor, que é o agente articulador dos fatores relacionados à rotina da escola. Ao mesmo tempo, o planejamento deve indicar o contexto de mundo para as situações do cotidiano relacionadas ao ambiente escolar.

Enfatizamos que o planejamento não é simplesmente a concretização do que o professor deseja. Na realidade, esse processo é coletivo, pois é necessário contemplar a proposta pedagógica da escola, suas estruturas e regras, considerando as disciplinas e os colegas, a direção e a coordenação, os funcionários e a comunidade escolar no geral.

Fique sempre atento, pois nem sempre o planejado ocorre da forma como foi concebido. Mesmo assim, o planejamento de uma aula é fundamental, pois com ele o professor tem uma direção a seguir. Para elaborá-lo, são necessários alguns itens, tais como:

- estudos e pesquisas contínuos por parte do docente;
- cumprimento da proposta pedagógica da instituição;
- estabelecimento de limites e organização do trabalho;
- consideração do meio em que os alunos estão inseridos;
- espaço previsto para discussões da realidade dos alunos;
- flexibilidade para a revisão do planejamento e verificação de ajustes necessários.

Quanto mais atento às estratégias disponíveis para a exploração de certo conteúdo/conceito, mais eficiente será o educador em sua tarefa. Sendo assim, um bom planejamento é fundamental na elaboração de um plano de aula.

Luvizotto (2013) apresenta algumas perguntas norteadoras que vão auxiliar na elaboração didática e simplificada de um bom planejamento. Vamos ver?

Por que o que você vai ensinar é importante?

Essa questão é fundamental, uma vez que os alunos certamente perguntarão se esse item não estiver claro no planejamento.

O que os alunos devem ser capazes de realizar ao final do conteúdo apresentado?

Nesse momento do planejamento, o educador deve elencar os objetivos para os estudantes, pois, por meio dessa pergunta, o professor tem clara a importância do conteúdo, bem como suas aplicações no cotidiano ou nas profissões.

Qual a relação do tema com o currículo geral?

Os cursos de licenciatura capacitam professores para atuar em uma, duas ou três disciplinas, mas todo docente deve conhecer os objetivos das demais disciplinas que compõem o currículo do aluno. Somente dessa forma é possível pensar em atividades interdisciplinares e aplicá-las no cotidiano.

O que os alunos já conhecem sobre o tema?

É importante verificar o que os alunos já sabem sobre o tema, pois, muitas vezes, os estudantes já detêm tal conhecimento, mas sem a formalização característica da escola. Com essa questão, o professor pode aprofundar o assunto ou construir o conceito com os estudantes.

Perceba que essa última pergunta pode alterar todo o planejamento de uma aula, pois, se você realizou o planejamento acreditando que os alunos teriam conhecimento prévio do conteúdo, quando eles não o têm, será necessário resgatar ou mudar o desenvolvimento da aula. Por isso afirmamos anteriormente que o planejamento deve ser flexível – para que situações como essa possam ser contornadas com o ajuste do planejamento e do plano da aula ao perfil da turma.

Como despertar o interesse do aluno?

No início da aula ou da unidade, é necessário que o educador apresente uma motivação ou exponha o que os alunos vão aprender. Com essa iniciativa, o educador pode perceber o interesse dos estudantes pelo assunto.

Como o material pode ser apresentado?

É fundamental pensar e refletir sobre a melhor abordagem do conceito, dando espaço para inovações e indo além do material didático por meio de pesquisas, indicações de leituras, jogos e outros recursos.

O que os alunos devem realizar durante as aulas?

Aqui o professor deve prever os momentos em que os alunos devem participar ativamente da aula (atividades de investigação, modelagem, entre outras) e em quais momentos devem atuar como ouvintes.

Como relacionar o conteúdo à rotina do aluno?

Com a finalidade de proporcionar uma aula que tenha significado para o aluno em seu cotidiano, o professor deve mostrar exemplos práticos. Nesse caso, sugerimos uma sondagem para tentar descobrir o que mais interessa aos alunos e incluir esses interesses nas práticas docentes.

Qual tecnologia utilizar?

Como as tecnologias estão presentes na vida dos indivíduos, e muitas vezes passam despercebidas, o professor deve demonstrar para os estudantes quais recursos tecnológicos estão sendo utilizados. Nesse estágio do planejamento, também é possível dar ênfase a novas tecnologias, como recursos computacionais (proposição de pesquisas *on-line*; criação de grupos de estudos via internet e investigação de *softwares*/aplicativos que sejam capazes de auxiliar os alunos em experiências de aprendizado).

Na subseção a seguir apresentamos um plano de aula para que você possa observar como se dá a organização do documento. Trata-se de um exemplo de aula para o ensino médio sobre o conteúdo "combinação simples e aplicações", que faz parte do tema "análise combinatória".

5.2.1 Modelo de plano de aula

A seguir, indicamos cada item que compõe o referido plano de aula, planejado para ser aplicado em duas horas-aula de 50 minutos.

IDENTIFICAÇÃO
- **Instituição:** ###########
- **Docente:** #########
- **Disciplina:** Matemática
- **Ano de ensino:** 2º ano do ensino médio

UNIDADE
- **Assunto:** análise combinatória
- **Conteúdo:** combinação simples e aplicações
- **Conhecimento prévio:** princípio multiplicativo e fatorial de um número

OBJETIVOS
- **Geral:** compreender que a Matemática, por meio da análise combinatória, é aplicada a problemas reais.

- **Específicos**: solucionar situações-problema por meio de diversos métodos (representação gráfica e fórmulas); entender a relação existente entre a representação e o conceito matemático; apresentar aplicação da análise combinatória no ensino médio; indicar aplicações da análise combinatória no ensino superior.

MÉTODOS E METODOLOGIA
- **Recursos**: quadro de giz, giz, material com a descrição da situação-problema.
- **Encaminhamentos metodológicos**

  - **Introdução**

Na aula de hoje, estudaremos mais um item do assunto "análise combinatória". Primeiramente, vamos recordar o assunto "arranjo simples", que vimos nas aulas anteriores, e resolver atividades pelos dois métodos já estudados:
1. pela representação gráfica, por meio da árvore de possibilidades; e
2. pelo método algébrico, por meio da fórmula de arranjo simples.

1ª situação-problema
A comunidade escolar deve eleger 2 professores, um que atuará como diretor e outro que exercerá a função de vice-diretor. Para essa escolha, há 3 professores aptos: João, Maria e José. Quantas são as possibilidades que a comunidade escolar tem para escolher os professores para esses cargos?

Método n. 1 – Representação gráfica

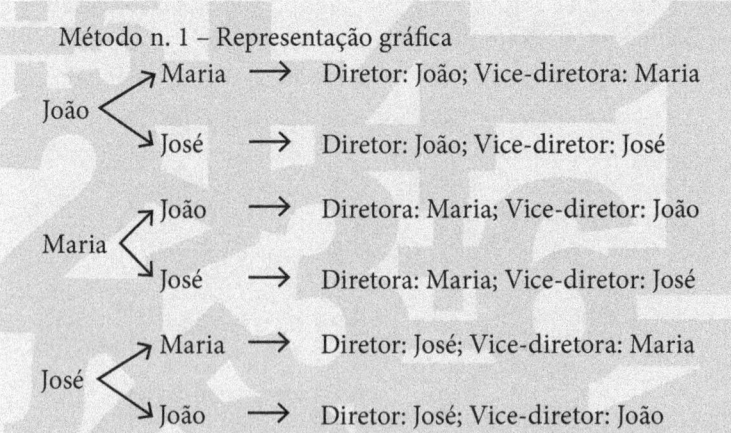

João ⟨ Maria ⟶ Diretor: João; Vice-diretora: Maria
      José ⟶ Diretor: João; Vice-diretor: José

Maria ⟨ João ⟶ Diretora: Maria; Vice-diretor: João
       José ⟶ Diretora: Maria; Vice-diretor: José

José ⟨ Maria ⟶ Diretor: José; Vice-diretora: Maria
      João ⟶ Diretor: José; Vice-diretor: João

Concluímos que temos **6** possibilidades diferentes de eleger 2 dos 3 professores aptos a concorrer às vagas de diretor e vice-diretor da escola em questão.

Método n. 2 – Algébrico
Como temos 3 professores e devemos eleger dois deles, sendo que nessa escolha a ordem é fundamental, ou seja, um será o diretor e o outro, o vice-diretor, temos de aplicar a fórmula de arranjo simples:

$$A_{3,2} = \frac{3!}{(3-2)!} = \frac{3!}{1!} = \frac{3 \cdot 2 \cdot 1}{1} = 6$$

Assim, verificamos que o resultado obtido pelo método "representação gráfica" é igual ao método "algébrico", como já havíamos vivenciado em situações anteriores. Agora, vamos pensar no problema a seguir.

2ª situação-problema
Em vez de eleger 2 professores, vamos supor que esses 3 professores querem participar de um congresso, mas, por razões administrativas, apenas 2 poderão participar do evento. Portanto, esse problema se resume em escolher 2 professores entre esses 3.

Perceba que nesse problema a ordem de escolha dos professores não influenciará na solução, pois, se primeiro escolhermos João e depois Maria, é o mesmo que escolher primeiro Maria e depois João.

Método n. 1 – Representação gráfica
Utilizando o método de representação gráfica apresentado na situação anterior, vemos que as duplas se repetem:

João ⟨ Maria → João e Maria
       José → João e José

Maria ⟨ João → Maria e João
        José → Maria e José

José ⟨ Maria → José e Maria
       João → José e João

Assim, o total de possibilidades é igual ao resultado obtido na árvore das possibilidades dividido por 2, ou seja, temos 6/2 = 3 possibilidades de escolha:
1. João e Maria;
2. Maria e José;
3. José e João.

Observação: Em um problema com valores maiores, por exemplo, em uma escolha de 3 professores num grupo de 4 educadores, podemos verificar que a quantidade de repetições é igual ao fatorial do número de escolhas que devemos realizar. Assim, a quantidade de repetição, nesse caso, dos trios é de 3! = 3 · 2 · 1 = 6. Com esse raciocínio, vemos que, na situação anterior, as duplas se repetem na quantidade 2! = 2 · 1 = 2.

Método n. 2 – Algébrico
Podemos resolver o problema da escolha de 2 professores entre os 3 que pretendem ir ao congresso pelo seguinte método algébrico:

$$\frac{A_{3,2}}{2!} = \frac{\frac{3!}{(3-2)!}}{2!} = \frac{3!}{(3-2)! \cdot 2!} = \frac{3!}{1! \cdot 2!} = \frac{3 \cdot 2!}{2!} = 3$$

A esse tipo de problema, que envolve a escolha de elementos de mesma natureza sem haver preocupação com a ordem das opções, damos o nome de *combinação simples*.

• **Formalização do conteúdo**
Combinação simples: todo agrupamento simples de p elementos que podemos formar com n elementos distintos, sendo $p \leq n$. Cada um desses agrupamentos se diferencia do outro apenas pela natureza de seus elementos.
A notação para o número de combinação simples de n elementos, tomados p a p, é $C_{n,p}$:

Fórmula para combinação simples
Considerando o conjunto A com n elementos e uma combinação de p elementos de A, com $p \leq n$, temos que:

$$C_{n,p} = \frac{A_{n,p}}{p!} = \frac{\frac{n!}{(n-p)!}}{p!} = \frac{n!}{(n-p)!\, p!}$$

$$C_{n,p} = \frac{n!}{(n-p)!\, p!}$$

Resolveremos os exemplos a seguir utilizando apenas o método algébrico. Como sugestão, indicamos o método de representação gráfica como atividade extracurricular.

1ª Situação-problema
Quantos triângulos podemos formar com 4 pontos de um plano, sabendo que não existem 3 pontos alinhados?
Sendo A, B, C e D os possíveis vértices para o triângulo, sabemos, por meio da geometria, que os triângulos $\triangle ABC$ e $\triangle BCA$, por exemplo, são o mesmo.
Assim, temos aqui um problema de combinação simples, em que $n = 4$ e $p = 3$.
Aplicando a fórmula apresentada anteriormente, temos:

$$C_{4,3} = \frac{4!}{(4-3)!\cdot 3!} = \frac{4!}{1!\cdot 3!} = \frac{4\cdot 3!}{3} = 4 \text{ triângulos diferentes}$$

2ª Situação-problema

Com 7 frutas, quantas saladas diferentes podem ser feitas utilizando 5 frutas?

Estamos buscando o número de subconjuntos de 5 elementos do conjunto $\{F1, F2, ..., F7\}$. Como a ordem das frutas não importa, temos uma combinação simples.

Aplicando a fórmula de combinação simples:

$$C_{7,5} = \frac{7!}{(7-5)! \cdot 5!} = \frac{7!}{2! \cdot 5!} = \frac{7 \cdot 6 \cdot 5!}{2! \cdot 5!} = 7 \cdot 3 = 21$$

Temos 21 possibilidades de saladas de frutas diferentes.

AVALIAÇÃO

A avaliação ocorrerá em forma de listas de situações-problema que os alunos devem resolver em sala de aula.

1. De quantas maneiras diferentes podemos sortear 3 passagens aéreas (para o Nordeste brasileiro) entre 5 funcionários que se destacaram durante o ano de 201X em uma empresa de transporte de carga de cereais?

(R = 10)

2. Uma papelaria dispõe de 4 cadernos de cores diferentes e pretendo comprar 2 de cores diferentes. De quantas possibilidades eu disponho?

(R = 6)

3. Sobre uma circunferência marcam-se 7 pontos distintos. Determine quantos quadriláteros convexos podem ser formados com vértices nesses pontos.

(R = 35)

4. Quantos produtos de 2 fatores podemos obter com os divisores naturais do número 12?

(R = 15)

5. Uma confeitaria produz 6 tipos diferentes de bombons de fruta. Qual é o número de possibilidades de caixas diferentes que ela pode montar, sabendo que cada caixa deve conter 4 tipos diferentes de bombom?

(R = 15)

OBRAS CONSULTADAS

BARRETO FILHO, B.; SILVA, C. X. da. **Matemática aula por aula**: volume único – ensino médio. São Paulo: FTD, 2000.

BRASIL. Ministério da Educação. Secretaria de Educação Fundamental. **Parâmetros Curriculares Nacionais:** Matemática. Brasília, 1997. Disponível em: <http://portal.mec.gov.br/seb/arquivos/pdf/livro03.pdf>. Acesso em: 6 fev. 2023.

FACCHINI, W. **Matemática para a escola de hoje**: livro único. São Paulo: FTD, 2006.

FREUND, J. E.; SIMON, G. A. **Estatística aplicada**: economia, administração e contabilidade. 9. ed. Porto Alegre: Bookman, 2000.

GENTIL, N.; GRECO, S. E.; MARCONDES, C. A. **Matemática**: volume único – ensino médio. São Paulo: Ática, 2000.

Ressaltamos novamente que o plano de aula é um documento específico do professor. Assim, cada profissional tem sua maneira de fazê-lo. Alguns acrescentam itens; outros agrupam dois deles, e assim por diante. O importante é elaborar o planejamento, pois é por meio dele que você poderá visualizar sua aula antes de ir para a sala com seus alunos.

Paralelamente ao plano de aula, sugerimos outro instrumento para verificar o andamento de suas turmas. Chamamos esse recurso de *diário de bordo*; com ele você pode realizar o registro do ocorrido em sala e, assim, analisar sua prática docente, verificando o que pode ser melhorado.

Muitos livros apresentam o diário de bordo apenas como uma ferramenta para que o aluno verifique sua aprendizagem. Nesta obra, pretendemos demonstrar que ele pode auxiliar o professor em sua autoavaliação.

5.2.2 Diário de bordo

O uso de diários de bordo na prática docente é motivado pelo objetivo de (res)significar a prática educativa por meio de leituras de textos formulados pelos próprios professores com relação às suas atividades diárias. Segundo Alarcão (1996) e Martín e Porlán (1997), escrever sobre as ações do cotidiano de uma sala de aula contribui para a formação crítica do ato pedagógico do docente, favorecendo a tomada de decisão e a consciência do professor sobre seu processo de evolução e seus modelos de referência.

Entre as funções do diário de bordo está o **diálogo intrapessoal**, pois nele são realizados os registros de fatos, sentimentos, dificuldades, questionamentos, surpresas, conquistas, entre outros eventos e impressões. Não existem regras para o registro no diário, pois ele é bastante pessoal. O professor pode registrar inclusive como se sente a respeito do desenvolvimento e a reação da turma diante de uma proposta de atividade, por exemplo.

> Os problemas podem ser uma situação específica, uma ação ou até mesmo um planejamento. Quanto mais se investigam os problemas, mais eles vão se tornando claros.

Ao utilizar esse instrumento, o primeiro passo a se dar é a descrição da ideia simplificada da situação real; em seguida, você deve anotar os acontecimentos em sala de aula sem realizar análises. Por meio do diário de bordo, o educador pode reconhecer os problemas e, assim, adquirir uma compreensão mais ampla da realidade.

Outra importante função do diário é a possibilidade de repensar concepções reais que foram inseridas nas aulas sem uma avaliação criteriosa das consequências de tal aplicação.

Uma prática de uso do diário de bordo muito comum é a verificação do aprendizado na educação infantil, ou seja, o aluno não é avaliado somente por provas que geram uma nota.

Registrar significa expressar um fato ou acontecimento de forma documental, ou seja, é uma forma de mencionar, marcar e anotar fatos e situações, pois o que é falado pode ser esquecido, enquanto o escrito não, uma vez que pode ser lido novamente, ou seja, as palavras permanecem registradas, documentadas, criando a memória. O registro possibilita a reflexão e conduz direcionamentos e alinhamentos da ação do professor em sala de aula. Todo registro auxilia na conscientização da função docente, pois, quando escrevemos, organizamos o pensamento, procuramos recuperar detalhes e montamos esses dados em uma ordem de memória. Esse exercício viabiliza um processo reflexivo sobre a prática diária do professor e, consequentemente, ajuda no processo de avaliação do desenvolvimento de cada aluno.

Mas como funciona o diário de bordo?

Vamos ver um exemplo?

A seguir é apresentado um diário de bordo com diversas perguntas que auxiliam o docente, com a finalidade de verificar se o que foi planejado atendeu às necessidades da turma.

IDENTIFICAÇÃO
- **Docente**: ########################
- **Data**: ##/##/####
- **Turma**: #######
- **Instituição**: #####################
- **Conteúdo**: ####################

QUESTÕES NORTEADORAS DO DIÁRIO DE BORDO
1. Quanto ao desenvolvido da aula, foi possível cumprir todo o planejamento?
2. De maneira geral, os objetivos foram alcançados?
3. Houve algum aluno que se sobressaiu em relação à aprendizagem desse conteúdo?
4. Houve algum aluno que não compreendeu o conteúdo?
5. Os alunos participaram das atividades propostas?

6. Os estudantes tiveram dificuldades na interpretação de alguma atividade? Se sim, o que fazer para solucionar esse problema?
7. Você sentiu algum dificuldade em desenvolver a aula?
8. Há algum recurso que você não utilizou, mas que percebeu que poderia usar para desenvolver a aula planejada?
9. Quanto aos seus sentimentos em relação à aprendizagem da turma, o que pode descrever?
10. Existem pontos que devem ser retomados na próxima aula?
11. Será preciso aprofundar os conceitos?
12. A avaliação que foi planejada precisará sofrer alterações (forma, data, conceitos)?
13. Há algo que precisa registrar sobre o comportamento de algum aluno?

O diário de bordo não exclui o planejamento das aulas, até mesmo pelo fato de que o primeiro deve ser elaborado depois da aula ocorrida. No entanto, ambos são importantes para o trabalho pedagógico. Enquanto no diário de bordo o professor tem maior liberdade de escrita e tem nesse recurso uma avaliação de seu próprio trabalho, o planejamento é um documento oficial e institucional.

Por meio do diário, o educador pode pensar no tema *avaliação*. Esse é o nosso próximo tópico de estudos.

5.3 Formas de avaliação e elaboração de atividades

Estamos sendo avaliados constantemente, seja em nosso ambiente de trabalho, por meio de apresentação de resultados e cumprimento de metas, seja nos resultados que os alunos apresentam nos trabalhos realizados tanto em sala de aula quanto em casa. De acordo com Dalben (2005, p. 66), "o 'julgar', o 'comparar', isto é, 'o avaliar' faz parte de nosso cotidiano, seja através das reflexões informais que orientam as frequentes opções do dia a dia, ou formalmente, através da reflexão organizada e sistemática que define a tomada de decisões".

No processo de ensino-aprendizagem, a avaliação talvez seja o elemento mais complexo e também de maior relevância, pois é por meio dela que podemos verificar se esse processo obteve êxito. Assim, diversos pesquisadores (Vasconcellos, 1995; Luckesi, 1998; Perrenoud, 1999; Hoffmann, 2006) exploram esse tema em seus estudos. No entanto, devemos lembrar que

> A avaliação escolar é um meio e não um fim em si mesma; está delimitada por uma determinada teoria e por uma determinada prática pedagógica. Ela não ocorre num vazio conceitual, mas está dimensionada por um modelo teórico de sociedade, de homem, de educação e, consequentemente, de ensino e de aprendizagem, expresso na teoria e na prática pedagógica. (Caldeira, 2000, p. 122)

O resultado da avaliação demonstra se nossas práticas pedagógicas atingiram os objetivos esperados conforme a proposta da instituição. Por isso, não é apenas o aluno que está sendo avaliado, mas também o docente.

A avaliação pode ocorrer em diversos momentos – não é necessário fazer uma pausa no processo de ensino-aprendizagem para então aplicar a tradicional "prova" (que é uma forma de avaliar). Ela pode ocorrer por meio das observações realizadas pelos alunos, de suas reflexões sobre os conceitos, da análise dos diários de bordo por parte do educador, entre outras possibilidades.

Existem vários tipos de avaliação. Entre eles, temos a avaliação somativa, a avaliação diagnóstica e a avaliação formativa, como veremos em detalhes a seguir:

- **Avaliação somativa** – Caracteriza-se pela atribuição de uma nota ao estudante a fim de demonstrar quão distante ele está do "ideal"; portanto, trata-se de uma avaliação classificatória. É a mais comum entre educadores e sempre ocorre no "final" de um processo de ensino-aprendizagem. Os instrumentos utilizados nessa avaliação são, geralmente, testes objetivos e provas dissertativo-argumentativas.

- **Avaliação diagnóstica** – Consiste na verificação do nível de aprendizagem do aluno. Por meio da análise desse tipo de avaliação, o educador conta com subsídios para propor estratégias com a finalidade de alcançar os objetivos do processo de ensino-aprendizagem, ou seja, pode realizar o exercício de adaptação de sua prática docente às características de seus estudantes.

- **Avaliação formativa** – Utilizada na busca de informações que possam dar novo rumo ao processo de ensino-aprendizagem, caso os objetivos não tenham sido alcançados. Assim, essa forma de avaliação não é expressa por meio de um valor, mas pelos comentários dos estudantes, por meio dos quais é possível realizar a análise do processo de ensino-aprendizagem. Com esse recurso, o educador consegue verificar o nível de aprendizagem do aluno, ou seja, o que o aluno já aprendeu e quais conceitos ele ainda deve compreender.

Sobre a avaliação formativa, Allal, Cardinet e Perrenoud (1986, p. 14) nos informam que esse processo

> visa orientar o aluno quanto ao trabalho escolar, procurando localizar as suas dificuldades para o ajudar a descobrir os processos que lhe permitirão progredir na sua aprendizagem. A avaliação formativa opõe-se à avaliação somativa que constitui um balanço parcial ou total de um conjunto de aprendizagens. A avaliação formativa se distingue ainda da avaliação de diagnóstico por uma conotação menos patológica, não considerando o aluno como um caso a tratar, considera os erros como normais e característicos de um determinado nível de desenvolvimento na aprendizagem.

Ainda sobre o processo avaliativo anteriormente citado, Perrenoud (1999, p. 23) informa que esse tipo de avaliação pode ser interpretado como uma prática

> contínua que pretenda melhorar as aprendizagens em curso, contribuindo para o acompanhamento e orientação dos alunos durante todo o seu processo de formação. É formativa toda a avaliação que ajuda o aluno a aprender e a se desenvolver, que participa da

regulação das aprendizagens e do desenvolvimento no sentido de um projeto educativo.

Indicações culturais

Como já afirmamos, o tema avaliação é muito discutido por pesquisadores. Assim, para aprofundar seus estudos, sugerimos a leitura dos seguintes textos:

FERREIRA, M. L. da S. M. Avaliação no processo ensino-aprendizagem: uma experiência vivenciada. **Revista Brasileira de Educação Médica**, Brasília, v. 27, n. 1, p. 12-19, jan./abr. 2003. Disponível em: <https://doi.org/10.1590/1981-5271v27.1-003>. Acesso em: 3 fev. 2023.

ARANHA, Á. C. Orientação de estágios pedagógicos: avaliação formativa *versus* avaliação somativa. **Boletim da Sociedade Portuguesa de Educação Física**, n. 7-8, p. 157-165, 1993. Disponível em: <https://boletim.spef.pt/index.php/spef/article/view/71>. Acesso em: 3 fev. 2023.

CAMARGO, A. L. C. O discurso sobre a avaliação escolar do ponto de vista do aluno. **Revista da Faculdade de Educação**, v. 23, n. 1-2, jan./dez. 1997. Disponível em: <http://www.scielo.br/scielo.php?script=sci_arttext&pid=S0102-25551997000100015>. Acesso em: 3 fev. 2023.

CASEIRO, C. C. F.; GEBRAN, R. A. Avaliação formativa: concepção, práticas e dificuldades. **Nuances**, v. 15, n. 16, p. 141-161, 2008. Disponível em: <https://revista.fct.unesp.br/index.php/Nuances/article/view/181>. Acesso em: 3 fev. 2023.

CHUEIRE, M. S. F. Concepções sobre a avaliação escolar. **Estudos em Avaliação Educacional**, v. 19, n. 39, p. 49-64, jan./abr. 2008. Disponível em: <http://www.fcc.org.br/pesquisa/publicacoes/eae/arquivos/1418/1418.pdf>. Acesso em: 3 fev. 2023.

Essas formas de avaliação podem acontecer paralelamente, pois uma pode complementar a outra. Dessa maneira, cabe ao professor e à equipe pedagógica verificar o(s) tipo(s) de avaliação que é(são) condizente(s) com a proposta da instituição.

Síntese

Neste capítulo, apresentamos a organização de um programa de ensino, um plano de ensino e um plano de aula, diferenciando cada um desses documentos que fazem parte da rotina da sala de aula. Mostramos a importância da elaboração do plano de aula e que esse documento deve estar condizente com o plano de ensino, uma vez que nele consta a proposta pedagógica da instituição, a qual deve ser seguida por todos os envolvidos no processo de ensino-aprendizagem para possibilitar a compreensão dos conceitos por parte dos alunos. Em seguida, apresentamos um modelo de elaboração de um planejamento, seja da aula, seja anual, ressaltando que, mesmo quando o planejado não ocorre como se espera, o professor tem uma oportunidade importante para avaliar a direção a seguir.

Apresentamos outro documento que, apesar de não ser muito utilizado pelos professores, é um instrumento extremamente útil para a avaliação dos alunos e para a autoavaliação do educador: o diário de bordo. Com ele, o docente pode verificar como está o processo de ensino-aprendizagem e o que deve ser melhorado ou readequado. Por fim, esse processo faz parte da avaliação, que talvez seja o elemento mais complexo e também de maior relevância, pois é por meio dele que podemos verificar se o processo educacional obteve êxito.

Atividades de autoavaliação

1. O documento específico de cada professor, cuja finalidade é descrever o planejamento de sua aula, incluindo as estratégias que serão utilizadas para a compreensão de conceitos, o tempo de execução da aula, os materiais consultados, a relação das atividades, entre outras informações, é denominado:

    a) plano de ensino.
    b) programa de ensino.
    c) plano de aula.
    d) diário de bordo.

2. O instrumento que o professor pode utilizar para elaborar registros de fatos, sentimentos, dificuldades, questionamentos, surpresas, conquistas, entre outras informações, e que ainda permite a realização de autoavaliação é chamado:

   a) plano de ensino.
   b) programa de ensino.
   c) plano de aula.
   d) diário de bordo.

3. Entre os tipos de avaliação, a que **não** é expressa por meio de um valor, mas sim pelos dos comentários dos estudantes, por meio dos quais é possível realizar a análise do processo de ensino-aprendizagem, é a:

   a) avaliação individual.
   b) avaliação diagnóstica.
   c) avaliação formativa.
   d) avaliação somativa.

4. Em qual das alternativas a seguir consta a avaliação em que se procura verificar o nível de aprendizagem do aluno e que fornece, em qualquer momento do processo de ensino-aprendizagem, subsídios ao docente para a proposição de estratégias para alcançar os objetivos propostos?

   a) Avaliação individual.
   b) Avaliação diagnóstica.
   c) Avaliação formativa.
   d) Avaliação somativa.

5. Analise a seguinte situação: "ao final de um bimestre, um professor realizou uma avaliação, sendo a única em todo o período, atribuindo aos estudantes a nota obtida no processo". Esse professor utilizou a avaliação:

a) somativa.
b) individual.
c) diagnóstica.
d) formativa.

Atividades de aprendizagem

Questões para reflexão

1. Neste capítulo, vimos que o diário de bordo pode ser de grande auxílio para o professor durante suas práticas educativas, que podem ser (res)significadas por meio de leituras de textos formulados pelo próprio educador sobre suas atividades diárias. Relacione o uso do diário de bordo como uma efetiva contribuição para sua futura prática docente.

2. O planejamento da aula é muito importante para o bom andamento do momento de encontro com os alunos. Como ele pode auxiliar na condução de sua prática docente?

Atividade aplicada: prática

1. Um dos temas abordados no decorrer desta unidade foi o diário de bordo. Esse instrumento pode ser utilizado com a finalidade de autoavaliação do docente. Assim, sugerimos que você crie um instrumento que avalie sua aprendizagem.

   Quais seriam as perguntas norteadoras que poderiam constar nesse instrumento? Sugerimos algumas a seguir:

   - Há algum conteúdo/conceito que preciso retomar, pois não compreendi na primeira leitura?
   - O tempo que me dediquei a este capítulo/tópico/disciplina foi suficiente?
   - Busquei ler os textos complementares sugeridos pelos autores e professores?

- Qual é o grau de dificuldade deste capítulo/tópico?
- Tenho interesse em saber mais sobre algum conteúdo? Qual?
- Realizei todas as atividades sugeridas?

6
Livros didáticos e paradidáticos

Neste capítulo, apresentamos o Programa Nacional do Livro Didático (PNLD) e demonstramos os critérios utilizados para a avaliação das obras selecionadas e a importância do professor na escolha das obras, considerando o projeto político-pedagógico (PPP) da instituição e o contexto social em que os alunos estão inseridos. Além disso, tratamos dos livros paradidáticos e das possibilidades de utilização desses materiais em sala de aula.

O ambiente escolar é composto de diversos materiais que auxiliam os professores e alunos na construção do processo de ensino-aprendizagem. Entre esses materiais, temos o livro didático.

Muitos professores utilizam esse recurso como se fosse o planejamento de suas aulas. Neste ponto do texto, chamamos a atenção para o fato de que **o livro didático não é o planejamento do professor**, e sim um guia, que pode ser utilizado em ordem que não a apresentada na obra, principalmente se conceitos/conteúdos que podem ser relacionados não estiverem interligados no material.

Esse material de apoio ao professor e aos estudantes é um recurso fundamental no ambiente escolar, que, se for bem direcionado, facilita o planejamento das aulas, motiva os alunos, ajuda na organização do tempo e, ainda que muitos tenham acesso à internet, é a forma de acesso mais prática do aluno à informação.

O Ministério da Educação (MEC) lista mais algumas funções do livro didático:

- auxiliar no planejamento anual do ensino da área, seja por decisões sobre conduções metodológicas, seleção dos conteúdos e, também, distribuição dos mesmos ao longo do ano escolar;
- auxiliar no planejamento e na gestão das aulas, seja pela explanação de conteúdos curriculares, seja pelas atividades, exercícios e trabalhos propostos;
- favorecer a aquisição dos conhecimentos, assumindo o papel de texto de referência;
- favorecer a formação didático-pedagógica;
- auxiliar na avaliação da aprendizagem do aluno. (Brasil, 2012, p. 10)

É preciso também atentar ao fato de que, muitas vezes, o livro didático é o único material disponível para o aluno em sala de aula e fora dela. Apesar de as novas tecnologias incentivarem estudos de grandes pesquisadores da atualidade, não devemos deixar de lado a tecnologia do livro didático, pois, segundo o MEC, com o livro, é possível,

- favorecer a aquisição de conhecimentos socialmente relevantes;
- propiciar o desenvolvimento de competências cognitivas, que contribuam para aumentar a autonomia;
- consolidar, ampliar, aprofundar e integrar os conhecimentos adquiridos;
- auxiliar na autoavaliação da aprendizagem;
- contribuir para a formação social e cultural e desenvolver a capacidade de convivência e de exercício da cidadania. (Brasil, 2012, p. 11)

Além disso, espera-se que o livro didático seja uma ferramenta que contribua para o trabalho do professor e a aprendizagem do aluno no que diz respeito às seguintes demandas:

- concretizar uma escolha de conteúdos e uma maneira pertinente para sua apresentação, considerando as especificidades da área, sua evolução e a sociedade atual;
- estimular a identificação e a manifestação do conhecimento que o aluno detém;
- introduzir o conhecimento novo sem se esquecer de estabelecer relações com o que o aluno já sabe;
- favorecer a mobilização de múltiplas habilidades do aluno e a progressão inerente a esse processo;
- favorecer o desenvolvimento de competências cognitivas básicas como observação, compreensão, memorização, organização, planejamento, argumentação, comunicação de ideias matemáticas, entre outras;
- estimular o desenvolvimento de competências mais complexas tais como análise, síntese, construção de estratégias de resolução de problemas, generalização, entre outras;
- favorecer a integração e a interpretação dos novos conhecimentos no conjunto sistematizado de saberes;
- estimular o uso de estratégias de raciocínio típicas do pensamento matemático, o cálculo mental, a decodificação da linguagem matemática e a expressão por meio dela. (Brasil, 2012, p. 17)

Assim, neste capítulo, apresentaremos as diretrizes utilizadas na seleção de uma obra para o desenvolvimento do trabalho em sala de aula. Com isso, vamos nos preparar para a análise de livros didáticos, que ocorrerá com certa periodicidade na profissão de professor de Matemática.

6.1 Histórico do Programa Nacional do Livro e do Material Didático (PNLD)*

Vamos iniciar esta seção apresentando o significado da sigla PNLD por dois motivos: i) se já sabe o que significa a sigla, aqui você terá uma dimensão maior da história dessa proposta; ii) se você não sabe o que significa, chegará à conclusão de que se trata de um dos mais importantes programas do governo federal relacionado à educação.

Então, nós convidamos você a verificar conosco um pouco do histórico do PNLD.

O **Programa Nacional do Livro e Material Didático** (PNLD) surgiu há mais de 80 anos, sendo o mais antigo programa educacional de distribuição de livros/obras didáticos que atende alunos da rede de educação básica pública do Brasil (Brasil, 2021).

Esse programa surgiu em 1929, com a criação do Instituto Nacional do Livro (INL), cuja finalidade era propiciar legitimidade a esse material escolar. No entanto, foi somente nove anos depois, por meio do Decreto-Lei n. 1.006, de 30 de dezembro de 1938 (Brasil, 1939), que se estabeleceram as condições de produção, importação e utilização do livro didático.

Destacamos o art. 5º do Decreto-Lei n. 1.006/1938, que proporcionava certa autonomia aos professores dos atuais ensinos fundamental (anos finais), médio e técnico na escolha do livro didático no que se refere à relação das obras selecionadas.

> Art. 5º Os poderes públicos não poderão determinar a obrigatoriedade de adoção de um só livro ou de certos e determinados livros para cada grau ou ramo de ensino, nem estabelecer preferências entre os livros didáticos de uso autorizado, sendo livre aos diretores, nas escolas preprimárias e primárias, e aos professores, nas escolas normais, profissionais e secundárias, a escolha de livros para uso dos alunos,

---

*Esta seção foi elaborada com base em Brasil (2021).

uma vez que constem da relação oficial das obras de uso autorizado, e respeitada a restrição formulada no artigo 25 desta lei. (Brasil, 1939)

Cabe destacarmos que, na atualidade, esse critério ainda é adotado; por isso, quando você for professor de escola/colégio da rede pública, terá o direito de participar da escolha do livro didático mais adequado aos seus alunos.

Esse diploma legal ainda decreta que, quanto ao atual ensino fundamental (anos iniciais), a escolha deveria ser realizada pelos diretores das instituições de ensino. Essa diretriz foi alterada com a publicação do Decreto-Lei n. 8.460, de 26 de dezembro de 1945 (Brasil, 1945), que determinou que os professores do ensino fundamental (anos iniciais) passariam a ter o mesmo direito de participação na escolha que os demais professores da atual educação básica.

No período de 1966 a 1971, firmou-se um acordo entre o Ministério da Educação e Cultura (MEC) e a Agência Norte-Americana para o Desenvolvimento Internacional, que permitiu a criação de comissão para coordenar a produção, a edição e a distribuição dos livros didáticos (Brasil, 2021). A partir do Decreto n. 77.107, de 4 de fevereiro de 1976 (Brasil, 1976), as obras didáticas e os recursos financeiros passaram a ser responsabilidade da Fundação Nacional do Material Escolar (Fename), conforme diretrizes do referido ministério.

Foi somente em 1985, com o Decreto n. 91.542, de 19 de agosto (Brasil, 1985), que surgiu o atual Programa Nacional do Livro Didático (PNLD). Entre as atribuições do PNLD, estão a distribuição de livros didáticos para alunos matriculados no atual ensino fundamental de escolas da rede pública. As obras distribuídas são selecionadas em parceria com os professores, mediante análise e indicação dos materiais, considerando as especificidades de cada região do país. Os livros passaram a ser reutilizáveis e, para isso, deve ser considerada a qualidade do material quando de sua seleção.

No início da década de 1990, em razão de restrições de verbas, a distribuição dos livros didáticos ficou limitada aos anos iniciais do ensino fundamental. Em virtude desse problema, verificou-se a necessidade de disponibilizar recursos para que a distribuição ocorresse em fluxo contínuo. Ainda nessa década, foram definidos os critérios para a avaliação dos livros didáticos. Ao final desse período, foi restabelecida a distribuição das obras em todo o ensino fundamental.

Apesar de estar garantida a distribuição dos livros a todos os alunos do ensino fundamental, foi somente nessa década que os materiais chegaram às instituições de ensino antes do início do ano letivo, incluindo posteriormente obras destinadas a alunos com deficiência visual. Apesar de o programa ser denominado *Programa Nacional do Livro Didático*, não foram distribuídos apenas livros didáticos – outros materiais, como dicionários e atlas geográficos, fizeram parte do programa. Em meados dessa década, o programa foi estendido aos alunos do ensino médio, pelo denominado *Programa Nacional do Livro Didático para o Ensino Médio* (PNLEM). Depois dessa mudança, ocorreu a regulamentação do *Programa Nacional do Livro Didático para a Alfabetização de Jovens e Adultos* (PNLA), com a Resolução n. 18, de 24 de abril de 2007 (Brasil, 2007).

Cinco anos depois, em 2012, as editoras puderam incluir objetos educacionais digitais (simuladores, jogos educativos, infográficos) como complementos aos livros didáticos físicos/impressos, os quais passaram a contar, também, com indicações de endereços eletrônicos para a formação complementar dos estudantes.

Com o Decreto n. 9.099, de 18 de julho de 2017 (Brasil, 2017a), há uma nova nomenclatura PNLD em que se unifica as aquisições e distribuições de livros didáticos e literários, realizadas antes por dois programas: *Programa Nacional do Livro e Material Didático* (PNLD) e pelo Programa Nacional Biblioteca da Escola (PNBE).

Essa junção dos programas possibilita a inclusão de materiais de apoio como: obras pedagógicas, *softwares* e jogos educacionais, materiais de reforço e correção de fluxo, materiais de formação e materiais destinados à gestão escolar, entre outros (Brasil, 2011).

Outra inclusão importante é que se passou a atender os quatro segmentos da educação básica: educação infantil, anos iniciais do ensino fundamental, anos finais do ensino fundamental e ensino médio.

Podemos perceber, com o breve histórico apresentado, que esse é o cumprimento do direito ao acesso à educação dos alunos da rede pública de ensino brasileiro por meio de materiais de alta qualidade e que cumprem critérios mínimos no que se refere ao processo de ensino-aprendizagem unificado em todo o país. Além disso, atualmente podemos afirmar que a qualidade do livro didático melhorou continuamente desde seu surgimento em razão desse programa de Estado.

Perceba que o fato de o professor poder escolher seu material didático é de grande valia para o ensino, pois assim o educador consegue definir o melhor para seus alunos.

Na seção seguinte, apresentamos alguns dos critérios relacionados às obras de Matemática.

6.2 A escolha da obra*

Nesta seção, vamos apresentar o modo como se realiza a escolha de uma obra, pois esse processo inclui os livros didáticos aprovados na avaliação pedagógica realizada pelo MEC. Esse documento é composto de resenhas de cada obra aprovada, que são disponibilizadas a todas as instituições que participam do Fundo Nacional de Desenvolvimento da Educação (FNDE).

Segundo o Decreto n. 9.099/2017, há a possibilidade de escolha dos livros por um conjunto de escolas, o que unifica as escolhas das redes de ensino. No entanto, ressalta-se que, mesmo assim, cada escola que participa do PNLD pode realizar sua escolha individual, conforme a concordância do corpo docente.

Na escolha são indicadas duas coleções de livros didáticos de cada disciplina, considerando seu PPP. Essa indicação é meramente logística, pois, caso uma delas não esteja disponível para distribuição, a outra será entregue. Dessa forma, cada escola e cada grupo de professores podem

---

*Trechos desta seção foram elaborados com base em Brasil (2022a).

escolher as duas coleções que melhor atendam às suas particularidades e ambas as escolhas devem ter os mesmos critérios.

A escolha dos livros didáticos de cada segmento da educação básica (ensino fundamental – anos iniciais, ensino fundamental – anos finais e ensino médio) ocorre trienalmente. Todo ano, os profissionais de um dos segmentos analisam a obra que será distribuída como material de apoio nos próximos anos. Esse procedimento foi adotado para que a uniformidade da alocação dos recursos do FNDE seja mantida. Nos intervalos das compras "integrais", são realizadas reposições em razão de alterações nas matrículas, perdas ou extravios.

No ensino fundamental – anos iniciais, os professores escolhem livros de Alfabetização Linguística, Alfabetização Matemática e obras complementares (Ciências da Natureza e Matemática, Ciências Humanas, Linguagens e Códigos) para trabalhar com alunos de 1º e 2º ano. As obras de alfabetização são consumíveis, ou seja, não são utilizadas em anos posteriores. Dessa forma, o MEC repõe esses livros todos os anos.

Ainda nesse segmento, os professores dos demais anos (3º ao 5º ano) escolhem livros de Língua Portuguesa, Matemática, Ciências, História e Geografia, sendo essas duas últimas obras regionalistas, ou seja, contam com conteúdos relacionados à região em que o aluno está inserido, seja estado, cidade, microrregião, entre outras localidades.

Quanto à escolha dos livros didáticos dos anos finais do ensino fundamental (6º ao 9º ano), os professores devem eleger livros para trabalhar as disciplinas de Matemática, Português, Ciências, História, Geografia e, conforme a grade curricular, Língua Inglesa ou Língua Espanhola.

No último segmento atendido pelo PNLD, o ensino médio, são escolhidas obras de Projetos Integradores (Linguagens e suas Tecnologias; Matemática e suas Tecnologias; Ciências da Natureza e suas Tecnologias; Ciências Humanas e Sociais Aplicadas) e de Projeto de Vida, em que se promova a abordagem na sala de aula alinhada com a BNCC. Cabe ressaltar que essas obras devem ser escolhidas por todos os professores do colégio, independente da área de conhecimento.

Cabe ressaltar que essas escolhas, para o ensino médio,

> não excluem necessariamente as disciplinas, com suas especificidades e saberes próprios historicamente construídos, mas, sim, implicam o fortalecimento das relações entre elas e a sua contextualização para apreensão e intervenção na realidade, requerendo trabalho conjugado e cooperativo dos seus professores no planejamento e na execução dos planos de ensino. (Brasil, 2009)

O PNLD também se preocupa com o acesso à educação de todos, razão por que, para atender alunos com alguma necessidade especial, disponibiliza versões das obras no formato áudio, em braille e MecDaisy (ferramenta que permite a produção de livros em formato digital acessível).

Quanto ao PNLD Literário, que busca avaliar e distribuir livros literários para os componentes curriculares de Língua Portuguesa e Língua Inglesa, a periodicidade é de quatro anos.

Você sabe qual é o procedimento para garantir que seus futuros alunos tenham o livro didático em sala de aula?

O primeiro passo é a escola manifestar interesse e realizar a **adesão** nos prazos estipulados (até maio do ano anterior ao que pretende ser atendida). Além disso, esse procedimento precisa seguir normas, obrigações e procedimentos determinados pelo MEC em seus editais. Realizado esse passo, as escolas e os professores devem aguardar a publicação do Guia do Livro Didático com as obras selecionadas.

A **inscrição** de obras didáticas ocorre por meio de editais publicados no *Diário Oficial da União* e também nos *sites* do FNDE e do PNLD. Nesses editais, constam os procedimentos para que as editoras possam inscrever suas obras. Após a inscrição, são realizadas duas avaliações: primeiramente, a avaliação técnica e, na sequência, a pedagógica. Essa última é realizada por especialistas conforme os critérios divulgados nos editais. Além disso, é com base nessa avaliação que se elaboram as resenhas que constarão no Guia do Livro Didático e que servirão de apoio para a escolha das obras por professores do país todo.

Após a escolha dos livros por parte dos professores das instituições de ensino ocorre a **formalização**, momento em que a escola comunica o FNDE sobre as obras, em ordens de preferência, selecionadas pelos docentes.

De posse de todas as escolhas, o FNDE inicia o processo de **negociação** com as editoras. Após esse procedimento, é firmado o contrato com a quantidade de livros a serem produzidos, bem como o local de entrega das obras pelas editoras. Por fim, esses livros chegam às escolas urbanas no final do ano letivo anterior à sua utilização. Quanto às escolas rurais, os livros são entregues nas prefeituras.

6.3 Critérios de avaliação do livro didático de Matemática*

Nesta seção, vamos verificar alguns critérios de avaliação de uma coleção de livros didáticos pelo FNDE, que geralmente são utilizados em todos os segmentos da educação básica. Assim, os critérios comuns a todas as áreas são:

1. Respeito à legislação, às diretrizes e às normas oficiais relativas à Educação;
2. Observância aos princípios éticos necessários à construção da cidadania e ao convívio social republicano;
3. Coerência e adequação da abordagem teórico-metodológica 4. Correção e atualização de conceitos, informações e procedimentos;
4. Adequação e a pertinência das orientações prestadas ao professor;
5. Observância às regras ortográficas e gramaticais da língua na qual a obra tenha sido escrita;

---

*Trechos desta seção foram elaborados com base em Brasil (2019, 2022a).

6. Adequação da estrutura editorial e do projeto gráfico;
7. Qualidade do texto e a adequação temática; [...]. (Brasil, 2019, p. 9)

Convém ressaltarmos que o professor deve escolher o livro didático para auxiliar seu trabalho observando alguns itens, como:

- se a coleção estimula a leitura;
- se considera em sua proposta pedagógica teorias atuais sobre o processo de ensino-aprendizagem;
- se seleciona os conteúdos de forma adequada;
- se utiliza linguagem adequada à idade dos alunos;
- se apresenta atividades destinadas a auxiliar o aluno na compreensão do texto de teoria, trazendo informações atualizadas;
- se ajuda no desenvolvimento metodológico das aulas, bem como na avaliação dos conceitos;
- se indica recursos de que a escola dispõe para o desenvolvimento das atividades.

A matemática é composta de cinco unidades temáticas, que se correlacionam para o desenvolvimento das habilidades a serem desenvolvidas na Matemática (Brasil, 2018): Números, Álgebra, Geometria, Grandezas e Medidas e Probabilidade e estatística. Assim, um livro didático deve, como primeiro critério, apresentar esses quatro grandes eixos, desde os níveis mais simples até os mais complexos.

> Com base nos recentes documentos curriculares brasileiros, a BNCC leva em conta que os diferentes campos que compõem a Matemática reúnem um conjunto de **ideias fundamentais** que produzem articulações entre eles: **equivalência, ordem, proporcionalidade, interdependência, representação, variação e aproximação**. Essas ideias fundamentais são importantes para o desenvolvimento do pensamento matemático dos alunos e devem se converter, na escola, em objetos de conhecimento. (Brasil, 2018, p. 268, grifo do original)

De acordo com o MEC (Brasil, 2012, p. 17), independentemente da concepção metodológica, a coleção do livro didático não pode fazer distinção de privilégio entre habilidades e competências, uma vez que, por exemplo, "raciocínio, cálculo mental, interpretação e expressão em Matemática envolvem necessariamente várias delas", além de coerência entre seus objetivos. Podemos também indicar que essa ferramenta do professor de Matemática precisa "estimular o uso de estratégias de raciocínio típicas do pensamento matemático, o cálculo mental, a decodificação da linguagem matemática e a expressão por meio dela" (Brasil, 2012, p. 17).

Conforme Brasil (2019, p. 14), os critérios de avaliação das obras devem versar sobre: "a consistência e coerência entre os conteúdos e as atividades propostas", "os objetos de conhecimento e habilidades constantes na BNCC" e a "contemplação de todos os objetos de conhecimento e habilidades constantes na BNCC".

Ainda, não se pode deixar de incluir uma das unidades temática da Matemática escolar, a saber, "Números, Álgebra, Geometria, Grandezas e Medidas e Probabilidade e estatística" (Brasil, 2018, p. 527).

Em relação à matemática no ensino médio:

> A BNCC da área de Matemática e suas Tecnologias propõe a ampliação e o aprofundamento das aprendizagens essenciais desenvolvidas até o 9º ano do Ensino Fundamental. Para tanto, coloca em jogo, de modo mais inter-relacionado, os conhecimentos já explorados na etapa anterior, de modo a possibilitar que os estudantes construm uma visão mais integrada da Matemática, ainda na perspectiva de sua aplicação à realidade. (Brasil, 2017, p. 517)

Toda coleção de livro didático do PNLD conta com um **manual do professor**, no qual são apresentadas orientações metodológicas para o desenvolvimento do trabalho com os alunos. Dessa forma, é importante que o professor faça uso do material. Além disso, esse texto visa contribuir com reflexões sobre o processo de avaliação da aprendizagem do aluno.

O manual deve estar formatado de tal maneira que cada unidade apresente objetivos da aprendizagem dos conceitos, indicação de modificação de atividades de acordo com a realidade de diversas regiões do país, estratégias de resolução e sugestões de avaliação. Além disso, é necessário que ele contribua para a formação do professor, bem como apresente diversos recursos didáticos complementares aos apresentados no livro do aluno e indique bibliografia completar, entre outras demandas.

6.3.1 Resenhas para guiar a escolha do professor

As resenhas das coleções que satisfazem os critérios determinados pelo FNDE são compostas dos seguintes itens (Brasil, 2012):

1. **Identificação** – Nesta seção, você encontra os elementos que identificam a coleção, a exemplo de nome da obra, código no PNLD, autoria, editora, ano de edição e capa.

2. **Visão geral** – Seção em que é apresentada uma síntese da obra, na qual constam características positivas e/ou negativas dos livros.

Figura 6.1 – Exemplo da seção Visão geral

> *VISÃO GERAL*
>
> Os conteúdos da coleção são apresentados de maneira clara e contextualizada, porém, a quantidade de conceitos abordados e de atividades propostas é excessiva. São estabelecidas articulações apropriadas entre os campos da matemática escolar e há cuidado em recuperar os conhecimentos já estudados pelo aluno. Mas, em geral, a sistematização é feita de modo precoce, o que pode dificultar o desenvolvimento da autonomia intelectual do aluno.
> O Manual do Professor contém bons subsídios para o desenvolvimento das atividades propostas aos alunos, além de trazer contribuições úteis para a formação continuada do docente.

Fonte: Brasil, 2014, p. 30.

3. **Descrição da obra/coleção** – Aqui você encontra informações sobre o livro físico do aluno, como organização do material, objetivos, seções especiais internas, sugestões de leituras complementares (quando existem), entre outras informações importantes.

Figura 6.2 – Exemplo da seção Descrição da obra/coleção

DESCRIÇÃO DA OBRA

Os livros da coleção dividem-se em quatro unidades, cada uma delas organizada em capítulos. Tanto as unidades quanto os capítulos, iniciam-se com uma contextualização dos temas a serem desenvolvidos, feita por meio de textos e imagens. Seguem-se as explanações teóricas, intercaladas pelas seções *Exercícios Resolvidos* e *Exercícios*, e por diversas outras: *Leitura, Matemática e tecnologia; Um pouco mais, para estudo optativo; Pensando no ENEM; Outros contextos*, com temas interdisciplinares, e *Vestibulares de Norte a Sul*. Ao longo do texto, há pequenos boxes intitulados *Para refletir, Fique atento* e *Você sabia?*. No final de cada livro, encontram-se, ainda, as seções *Caiu no Enem, Respostas, Sugestões de leituras complementares, Significado das siglas de vestibulares, Bibliografia* e *Índice remissivo*.

1º ANO – 4 UNIDADES – 8 CAPÍTULOS – 254 pp.		
1	Conjuntos numéricos: naturais, inteiros, racionais, reais; linguagem dos conjuntos	30 pp.
	Funções: noção, definição, domínio, gráfico, taxa de variação média, classificação; funções e sequências	30 pp.

Fonte: Brasil, 2014, p. 3, grifo do original.

4. **Análise da obra** – Esta seção é subdividida em outras seções, a exemplo destas:

a. **Abordagem dos conteúdos matemáticos** – Nesta subseção, é realizada uma análise referente a cada eixo da matemática e como eles se articulam. Além disso, são apresentados gráficos que auxiliam na visualização da distribuição dos eixos da matemática na obra e comentados os conteúdos de cada eixo, as articulações entre eles e outros aspectos.

Figura 6.3 – Exemplo da seção Análise da obra – seleção e organização dos conteúdos matemáticos

ANÁLISE DA OBRA

Abordagem dos conteúdos matemáticos

Seleção e organização dos conteúdos matemáticos

Na coleção, foi feita uma escolha elogiável de eliminar alguns tópicos dispensáveis nessa fase do ensino e, também, de propor que alguns dos demais sejam optativos. Contudo, ainda há excesso de conteúdo matemático proposto e, por vezes, conceitos indicados como opcionais são empregados posteriormente, na obra, no estudo de conteúdos não optativos. A distribuição dos campos matemáticos segue a tradição de concentrar o estudo de funções no primeiro ano, o de geometria no segundo e o de geometria analítica no terceiro. Além disso, os conteúdos de estatística e probabilidade estão quase ausentes no livro do primeiro ano e a geometria analítica no segundo volume. Essa distribuição dos campos da matemática escolar ao longo dos anos pode prejudicar a inter-relação entre eles.

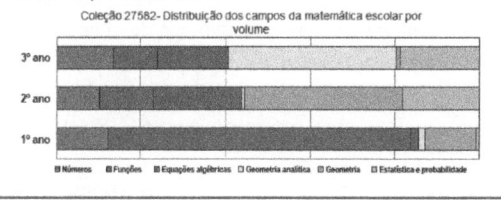

Fonte: Brasil, 2014, p. 33.

b. **Metodologia de ensino e aprendizagem** – Você encontra nesta subseção uma análise da abordagem metodológica dos conteúdos empregada pelos autores. Nesse texto, também é observado o papel do aluno no processo, como são retomados os conhecimentos prévios, entre outros itens.

Figura 6.4 – Exemplo da seção Análise da obra – metodologia de ensino e aprendizagem

> *Metodologia de ensino e aprendizagem*
>
> No que compete à metodologia de ensino e aprendizagem, os conteúdos são trabalhados por meio de situações contextualizadas, seguidas de explanações teóricas e de exercícios resolvidos ou propostos. Entretanto, as contextualizações sugeridas nas apresentações dos conteúdos são pouco utilizadas na sequência do texto. Este se caracteriza pela formalização precoce dos conceitos, o que limita a possibilidade de o aluno estabelecer suas próprias conclusões. Diversas atividades são indicadas para o trabalho em grupo ou em equipe, com o objetivo de proporcionar a interação entre os alunos. Mas, de fato, muitas delas são análogas às demais e não atingem graus de dificuldade que demandem essa interação. Há incentivo ao uso de materiais concretos diversificados e de recursos tecnológicos com vistas a facilitar os cálculos ou contribuir para a aprendizagem, embora, na maioria dos casos, não seja explorado todo o potencial pedagógico desses recursos. Na obra, apresentam-se, frequentemente, destaques em boxes, tais como, *Para refletir*, *Fique atento!* e *Você sabia?* Esses boxes têm o objetivo de chamar a atenção do aluno para dicas importantes ou reflexões sobre determinados conteúdos. Também se destacam, na coleção, seções específicas com atividades que visam o aprofundamento dos conteúdos e o desenvolvimento de capacidades básicas.

Fonte: Brasil, 2014, p. 36.

c. **Contextualização** – Neste item são apresentadas as maneiras como as contextualizações ocorrem nas obras.

Figura 6.5 – Exemplo da seção Análise da obra – contextualização

> **Contextualização**
>
> Na obra, o contexto mais frequente para atribuição de significado aos conceitos é a própria Matemática. Entretanto, os livros incluem uma seção específica em que se buscam relacionar os conteúdos estudados a práticas sociais e a outras áreas do conhecimento. Além disso, há um bom número de questões propostas que envolvem aplicações da Matemática a diversos contextos. Ao longo da coleção, recorre-se à história da Matemática para iniciar a discussão de um assunto ou como leitura complementar. No entanto, poucas vezes esse contexto é utilizado no desenvolvimento de conceitos.

Fonte: Brasil, 2014, p. 36-37.

d. **Linguagem e aspectos gráfico-editoriais** – Esta subseção trata da adequação da obra aos níveis de ensino, conforme o segmento da educação básica (ensino fundamental: 1º e 2º ano; 3º ao 5º ano; 6º ao 9º ano; ensino médio), no que se refere às ilustrações, aos tipos de letras utilizados e à qualidade dos textos.

Figura 6.6 – Exemplo da seção Análise da obra – Linguagem e aspectos gráfico-editoriais

> **Linguagem e aspectos gráfico-editoriais**
>
> Quanto aos aspectos gráfico-editoriais, a obra é bem organizada por unidades, capítulos e tópicos, além de possuir um bom sumário, o que facilita a localização dos conteúdos pelo leitor. Contribui, também, para isso, um índice remissivo que vem ao final do Livro do Aluno. Empregam-se vários tipos de textos e o vocabulário é acessível ao aluno do ensino médio, o que são pontos positivos na obra. As instruções e informações também são adequadas e apresentadas de forma clara e objetiva. De modo geral, os textos estão distribuídos nas páginas de forma equilibrada e isso contribui para uma leitura agradável.

Fonte: Brasil, 2014, p. 37.

e. **Manual do professor** – Nesta subseção você encontra a explicitação dos fundamentos teórico-metodológicos da elaboração da obra, explicações referentes à utilização de cada volume, indicações que auxiliam o docente em sua formação continuada, entre outros itens.

Figura 6.7 – Exemplo da seção Análise da obra – manual do professor

MANUAL DO PROFESSOR

Itens	AVALIAÇÃO		
	Superficial	Suficiente	Com destaque
Fundamentação teórica que norteia a coleção		■	
Contribuições para a formação do professor		■	
Orientações para a avaliação da aprendizagem	■		
Orientações para o uso do livro didático		■	
Orientações para o uso de recursos didáticos		■	
Orientações para o desenvolvimento das atividades		■	
Soluções das atividades propostas			■
Sugestões de atividades complementares		■	

Fonte: Brasil, 2014, p. 37.

f. **Em sala de aula** – Esta subseção contém sugestões de como o professor pode selecionar os conteúdos a serem trabalhados em sala de aula, além de conselhos sobre a busca de novos recursos didáticos sempre que for necessário.

Figura 6.8 – Exemplo da seção Análise da obra – em sala de aula

> Em sala de aula
>
> Ao professor caberá selecionar aqueles conteúdos que considere mais adequados a seus estudantes em face do extenso repertório oferecido na coleção.
> Como em alguns momentos os tópicos matemáticos são sistematizados de modo precoce, aconselha-se o docente a prever um tempo maior para que o estudante elabore os conceitos envolvidos. A leitura do Manual do Professor é recomendável, pois ele contém observações úteis sobre aspectos dos tópicos trabalhados e traz, ainda, atividades complementares importantes.
> Vale a pena planejar atividades com o uso proveitoso de recursos concretos, como calculadora, softwares e computador, para que seja explorado um leque maior de possibilidades oferecidas por esses recursos.

Fonte: Brasil, 2014, p. 38.

Mesmo com todos esses indicativos, podemos afirmar que não há livro didático perfeito. Por isso, reafirmamos que o livro não deve ser tomado como seu planejamento propriamente dito, mas sim como um material de apoio ao trabalho docente.

Convém reforçarmos que o papel do professor na escolha do livro didático é imprescindível, visto que o educador conhece o contexto social, cultural e econômico em que a escola está inserida, bem como as necessidades de seus alunos, entre outros aspectos, levando em consideração o PPP da instituição.

6.4 Importância dos livros paradidáticos no ensino

A necessidade da utilização de textos para o trabalho com a leitura, a escrita e a interpretação na educação básica é apontada na Lei n. 9.394, de 20 de dezembro de 1996, conhecida como **Lei de Diretrizes e Bases da Educação Nacional** (LDBEN), em seu art. 32, inciso I, com o objetivo de propiciar "o desenvolvimento da capacidade de aprender" (Brasil, 1996), um dos elementos que compõem a formação básica do cidadão brasileiro.

Entre os materiais de leituras que podem ser utilizados em sala de aula estão os livros paradidáticos. O termo *paradidático*, segundo Dalcin (2007, p. 26), "foi criado no Brasil no final da década de 70 do século XX pela editora Ática que, juntamente com outras editoras, ampliava seu espaço no mercado editorial por meio dos livros didáticos". Esse tipo de material, que aqui podemos classificar como **manipulável**, fazendo referência ao Capítulo 1 desta obra, passou a ter maior adesão nas escolas em meados da década de 1980.

Agora que já sabemos como o termo surgiu, qual é a função de um "livro paradidático"?

O livro paradidático tem como característica o trabalho com conceitos escolares sem a formalização ou a sequência impostas no currículo escolar, ou seja, não segue uma seriação e uma mesma obra pode ser trabalhada em diversos níveis da educação básica. Além disso, pode ser fonte de consulta do professor, que não precisa trabalhar todo o livro, podendo selecionar partes dele que julgue necessárias, servindo de apoio às atividades do educando.

Os textos costumam ser escritos sem a formalização característica dos materiais didáticos, especificidade que diminui a fragmentação dos conteúdos, possibilitando o desenvolvimento de trabalhos interdisciplinares. Uma das características mais marcantes é a forma lúdica abordada pelos livros paradidáticos, que permite que os alunos explorem a imaginação.

Como esses livros apresentam a mesma intenção dos livros didáticos – o "ensinar" –, eles podem ser utilizados concomitantemente ou até substituir as obras didáticas em determinados momentos do planejamento, contribuindo para a visualização, a experimentação, a compreensão e a fixação dos conteúdos propostos.

Apesar de existirem diversas obras voltadas para o ensino e a aprendizagem de Matemática, podemos perceber que, no ambiente escolar, essa disciplina pouco utiliza esse tipo de material. Entre as obras paradidáticas mais conhecidas para o ensino de Matemática, citamos o clássico *O homem que calculava*, de Malba Tahan. Nesse livro, o autor conta histórias das aventuras vivenciadas por um calculista persa chamado Beremiz Samir, em Bagdá, no século XIII. A primeira publicação desse texto foi em 1938 e, desde então, foi traduzido para diversas línguas, como o espanhol, o inglês, o italiano, o alemão e o francês.

Durante a narração, Beremiz Samir se depara com diversos problemas matemáticos, como a divisão da herança, quebra-cabeças e curiosidades da matemática. A obra também apresenta lendas, como a da origem do jogo de xadrez.

Um recurso para se trabalhar o livro citado e outros paradidáticos, tornando a leitura mais prazerosa, consiste na busca de animações referentes às obras em *sites* como o YouTube.

Podemos concluir nesta seção que o paradidático consiste em uma leitura obrigatória para todos os professores de Matemática. Assim, convidamos você a realizar essa leitura.

Síntese

Neste capítulo, apresentamos o histórico do PNLD e demonstramos sua importância como programa de Estado que dá espaço aos professores das mais diversas disciplinas para a escolha de livros didáticos adequados. Além disso, elencamos os critérios e procedimentos que são utilizados para a avaliação do FNDE/MEC das obras selecionadas no PNLD.

Ao final do capítulo, explicamos o que são livros paradidáticos e sua relevância como material que deve ser utilizado em paralelo ou mesmo como substituto do livro didático, em razão de sua potencialidade como recurso de exploração dos aspectos lúdicos da disciplina de Matemática.

Atividades de autoavaliação

1. Sobre o PNLD, é correto afirmar:

    a) É um programa do governo brasileiro que distribui apenas livros didáticos.
    b) Esse programa distribui livros e materiais didáticos a todos os alunos brasileiros.
    c) A escolha dos livros é realizada somente pela equipe gestora das escolas, não tendo participação dos professores que os utilizarão com seus alunos.
    d) Apenas algumas disciplinas são contempladas nos livros didáticos.

2. Assinale a afirmação **incorreta** sobre o PNLD:

    a) Não atende à educação infantil.
    b) Atende todos os segmentos da educação básica.
    c) Conta com materiais para a educação de jovens e adultos (EJA).
    d) Disponibiliza livros com recursos necessários para alunos com necessidades especiais.

3. De acordo com o MEC, é **incorreto** afirmar que, quando da escolha do livro didático por parte do professor, este deve verificar se a coleção:

    a) estimula a leitura e traz atividades destinadas a ajudar o aluno a entender o texto de teoria, com informações atualizadas.
    b) utiliza linguagem superior à característica da faixa etária dos alunos, para forçar o desenvolvimento intelectual dos estudantes.
    c) considera em sua proposta pedagógica teorias atuais sobre o processo de ensino-aprendizagem e indica recursos de que a escola dispõe para o desenvolvimento das atividades.

d) seleciona os conteúdos de forma adequada e ajuda no desenvolvimento metodológico das aulas, bem como na avaliação dos conceitos.

4. Sobre os livros paradidáticos, **não** é correto afirmar:

a) Apresenta abordagem lúdica, que desperta o interesse do aluno.

b) Pode ser fonte de consulta do professor, que não precisa trabalhar o livro integralmente.

c) Pode ser trabalhado juntamente com o livro didático ou isoladamente.

d) Respeita uma sequência de conteúdos, da mesma forma que os livros didáticos.

5. Analise as afirmações a seguir e, depois, assinale a alternativa correta:

I. O livro didático deve respeitar à legislação, às diretrizes e às normas oficiais relativas ao ensino fundamental.

II. O livro didático precisa fazer distinção de privilégio entre habilidades e competências.

III. É no manual do professor que são apresentadas orientações metodológicas para o desenvolvimento do trabalho com os alunos.

IV. As resenhas são o guia do professor para a escolha do livro, visto que nelas são apresentadas informações técnicas e pedagógicas da obra.

a) Apenas a afirmação IV é verdadeira.

b) As afirmações II e III são verdadeiras.

c) A afirmação I é verdadeira e a afirmação II é falsa.

d) A afirmação III é falsa.

Atividades de aprendizagem

Questões para reflexão

1. O livro didático é um material de apoio para o aluno e o professor no ambiente escolar e fora da escola. Assim, essa ferramenta deve fazer

parte do ensino e da aprendizagem de matemática. Como utilizá-lo de forma que contribua para a aprendizagem do aluno?

2. Os livros paradidáticos têm como finalidade trabalhar conceitos escolares sem a formalização indicada no currículo escolar. De que forma esse material pode ser inserido no planejamento da aula?

Atividade aplicada: prática

1. Para verificar sua aprendizagem em relação ao livro didático, sugerimos que escolha uma coleção e realize uma resenha baseada no que descrevemos na Seção 6.3.1 deste capítulo. Portanto, nessa resenha, devem constar os seguintes itens: identificação; visão geral; descrição da obra/coleção; análise da obra (abordagem dos conteúdos matemáticos, metodologia de ensino e aprendizagem, contextualização, linguagem e aspectos gráfico-editoriais, manual do professor e utilização em sala de aula).

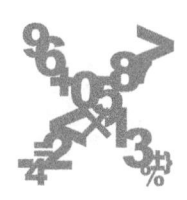

Considerações finais

Concluímos nossa obra e esperamos que você tenha desfrutado de todos os recursos que incluímos nela. Queremos que saiba que este livro foi pensado para ser um suporte em sua futura profissão e esperamos que ele seja útil em seu trabalho em sala de aula, pois foi concebido com base em nossas experiências como professores da educação básica e do ensino superior, ou seja, a obra foi escrita de professores de Matemática para professores de Matemática.

Os temas abordados são muito amplos, no entanto, a essência de cada um deles está disponibilizada neste material. Assim, para aprofundar seus estudos, se você não teve tempo ou curiosidade de verificar os textos indicados na seção "Indicações culturais", sugerimos que você o faça agora. Você terá à sua disposição, após a leitura dos textos complementares, muito mais conhecimento sobre os assuntos abordados.

Recorremos a diversos estudiosos sobre os assuntos tratados e indicamos formas de ensino que ajudarão você em sua rotina com seus alunos e farão com que entenda um pouco mais sobre eles. Buscamos oferecer uma combinação de teoria e prática que pode ser encontrada em todo o material.

A profissão de professor de Matemática é trabalhosa, fato que foi extensamente mostrado nesta obra por meio dos assuntos apresentados. Assim, este é apenas o início.

Referências

ALARCÃO, I. (Org.). **Formação reflexiva de professores**: estratégias de supervisão. Lisboa: Porto, 1996.

ALLAL, L.; CARDINET, J.; PERRENOUD, P. **A avaliação formativa num ensino diferenciado**. Coimbra: Livraria Almedina, 1986.

BASSANEZI, R. C. **Ensino-aprendizagem com modelagem matemática**: uma nova estratégia. São Paulo: Contexto, 2002.

BIEMBENGUT, M. S. **Modelagem matemática e implicações no ensino e na aprendizagem de matemática**. Blumenau: Ed. da Furb, 1999.

BIEMBENGUT, M. S.; HEIN, N. **Modelagem matemática no ensino**. 3. ed. São Paulo: Contexto, 2003.

BOLOGNESE, F. A. **A construção do conhecimento lógico-matemático**: aspectos afetivos e cognitivos. 2022. Disponível em: <http://www.profala.com/arteducesp95.htm>. Acesso em: 6 fev. 2023.

BOYER, C. B. **História da matemática**. Tradução de Elza F. Gomide. 2. ed. São Paulo: Blücher, 1996.

BRASIL. Decreto n. 9.099, de 18 de julho de 2017. **Diário Oficial da União**, Poder Executivo, Brasília, DF, 19 jul. 2017a. Disponível em: <https://www2.camara.leg.br/legin/fed/decret/2017/decreto-9099-18-julho-2017-785224-publicacaooriginal-153392-pe.html>. Acesso em: 6 fev. 2023.

BRASIL. Decreto n. 77.107, de 4 de fevereiro de 1976. **Diário Oficial da União**, Poder Executivo, Brasília, DF, 5 fev. 1976. Disponível em: <http://www2.camara.leg.br/legin/fed/decret/1970-1979/decreto-77107-4-fevereiro-1976-425615-publicacaooriginal-1-pe.html>. Acesso em: 6 fev. 2023.

BRASIL. Decreto n. 91.542, de 19 de agosto de 1985. **Diário Oficial da União**, Poder Executivo, Brasília, DF, 20 ago. 1985. Disponível em: <http://www2.camara.leg.br/legin/fed/decret/1980-1987/decreto-91542-19-agosto-1985-441959-publicacaooriginal-1-pe.html>. Acesso em: 6 fev. 2023.

BRASIL. Decreto-Lei n. 1.006, de 30 de dezembro de 1938. **Diário Oficial da União**, Poder Executivo, Brasília, DF, 5 jan. 1939. Disponível em: <http://www2.camara.leg.br/legin/fed/declei/1930-1939/decreto-lei-1006-30-dezembro-1938-350741-publicacaooriginal-1-pe.html>. Acesso em: 6 fev. 2023.

BRASIL. Decreto-Lei n. 8.460, de 26 de dezembro de 1945. **Diário Oficial da União**, Poder Executivo, Brasília, DF, 28 dez. 1945. Disponível em: <http://www2.camara.leg.br/legin/fed/declei/1940-1949/decreto-lei-8460-26-dezembro-1945-416379-publicacaooriginal-1-pe.html>. Acesso em: 6 fev. 2023.

BRASIL. Lei n. 9.394, de 20 de dezembro de 1996. **Diário Oficial da União**, Poder Legislativo, Brasília, DF, 23 dez. 1996. Disponível em: <http://www.planalto.gov.br/ccivil_03/LEIS/L9394.htm>. Acesso em: 6 fev. 2023.

BRASIL. Ministério da Educação. Conselho Nacional de Educação. Parecer n. 11, de 30 de junho de 2009. **Diário Oficial da União**, Brasília, DF, 25 ago. 2009. Disponível em: <https://normativasconselhos.mec.gov.br/normativa/view/CNE_PAR_CNECPN112009.pdf?query=M%C3%89DIO>. Acesso em: 6 fev. 2023.

BRASIL. Ministério da Educação. Fundo Nacional de Desenvolvimento da Educação. **Funcionamento**. 2011. Disponível em: <https://www.gov.br/fnde/pt-br/acesso-a-informacao/acoes-e-programas/programas/programas-do-livro/pnld/funcionamento>. Acesso em: 7 nov. 2022.

BRASIL. Ministério da Educação. Fundo Nacional de Desenvolvimento da Educação. **Histórico**. 2021. Disponível em: <https://www.gov.br/fnde/pt-br/acesso-a-informacao/acoes-e-programas/programas/programas-do-livro/pnld/historico>. Acesso em: 7 nov. 2022.

BRASIL. Ministério da Educação. Resolução n. 18, de 24 de abril de 2007. **Diário Oficial da União**, 24 abr. 2007. Disponível em: <https://www.trf4.jus.br/trf4/diario/visualiza_documento_adm.php?orgao=1&id_materia=1067325&reload=false#:~:text=Resolu%C3%A7%C3%A3o%20N%C2%BA%2018%2C%20DE%202024,Justi%C3%A7a%20Federal%20da%204%C2%AA%20Regi%C3%A3o.>. Acesso em: 6 fev. 2023.

BRASIL. Ministério da Educação. Secretaria de Educação Básica. **Base Nacional Comum Curricular**: educação é a base. Brasília, 2018. Disponível em: <http://basenacionalcomum.mec.gov.br/images/BNCC_EI_EF_110518_versaofinal_site.pdf>. Acesso em: 15 jun. 2023.

BRASIL. Ministério da Educação. Secretaria de Educação Básica. **Base Nacional Comum Curricular**: ensino médio. Brasília, 2017b. Disponível em: <http://basenacionalcomum.mec.gov.br/images/historico/BNCC_EnsinoMedio_embaixa_site_110518.pdf>. Acesso em: 6 fev. 2023.

BRASIL. Ministério da Educação. Secretaria de Educação Básica. **Guia de livros didáticos**: PNLD 2020 – Matemática. Brasília, 2019. Disponível em: <https://pnld.nees.ufal.br/assets-pnld/guias/Guia_pnld_2020_pnld2020-matematica.pdf>. Acesso em: 6 fev. 2023.

BRASIL. Ministério da Educação. Secretaria da Educação Básica. **Guia de livros didáticos**: PNLD 2013 – Matemática (Ensino Fundamental – Anos Iniciais). Brasília, 2012. Disponível em: <https://www.gov.br/fnde/pt-br/acesso-a-informacao/acoes-e-programas/programas/programas-do-livro/pnld/guia-do-livro-didatico/guia-pnld-2013-ensino-fundamental>. Acesso em: 6 fev. 2023.

BRASIL. Ministério da Educação. Secretaria da Educação Básica. **Guia de livros didáticos**: PNLD 2014 – Matemática (Ensino Fundamental – Anos Finais). Brasília, 2013. Disponível em: <https://www.gov.br/fnde/pt-br/acesso-a-informacao/acoes-e-programas/programas/programas-do-livro/pnld/guia-do-livro-didatico/guia-pnld-2014>. Acesso em: 6 fev. 2023.

BRASIL. Ministério da Educação. Secretaria de Educação Básica. **Guia de livros didáticos**: PNLD 2015 – Matemática (Ensino Médio). Brasília, 2014. Disponível em: <https://www.gov.br/fnde/pt-br/acesso-a-informacao/acoes-e-programas/programas/programas-do-livro/pnld/guia-do-livro-didatico/guia-pnld-2015>. Acesso em: 6 fev. 2023.

BRASIL. Ministério da Educação. Secretaria de Educação Fundamental. **Parâmetros Curriculares Nacionais**: Matemática. Brasília, 1997. Disponível em: <http://portal.mec.gov.br/seb/arquivos/pdf/livro03.pdf>. Acesso em: 6 fev. 2023.

BRITO, G. da S.; PURIFICAÇÃO, I. **Educação e novas tecnologias**: um repensar. Curitiba: Ibpex, 2006.

BROCARDO, J.; OLIVEIRA, H.; PONTE, J. P. da. **Investigações matemáticas na sala de aula**. Belo Horizonte: Autêntica, 2005.

CALDEIRA, A. S. Ressignificando a avaliação escolar. In: CALDEIRA, A. S. **Comissão permanente de avaliação institucional**: UFMG-Paiub. Belo Horizonte: Prograd/UFMG, 2000. p. 122-129.

CAMPOS, M. C. M. Psicopedagogo: uma generalista-especialista em problemas de aprendizagem. In: OLIVEIRA, V. B. de; BOSSA, N. A. (Org.). **Avaliação psicopedagógica da criança de zero a seis anos**. 13. ed. Petrópolis: Vozes, 2002.

CAMPOS, T. M. M.; RODRIGUES, W. R. A ideia de unidade na construção do conceito do número racional. **Revemat – Revista Eletrônica de Educação Matemática**, v. 2. n. 4, p. 68-93, 2007. Disponível em: <https://periodicos.ufsc.br/index.php/revemat/article/download/12992/12093>. Acesso em: 6 fev. 2023.

CARVALHO, T. V. de. **O desenho e a aprendizagem**. 1º jan. 2000. Disponível em: <http://www.psicopedagogia.com.br/new1_artigo.asp?entrID=44#.Vf8xRd9Viko>. Acesso em: 10 out. 2005.

COLAÇO, H.; GÓES, A. R. T. Aplicação da pesquisa operacional no ensino médio por meio da expressão gráfica. In: CONGRESO LATINO-IBEROAMERICANO DE INVESTIGACIÓN OPERATIVA E SIMPÓSIO BRASILEIRO DE PESQUISA OPERACIONAL, 16., 2012, Rio de Janeiro. **Anais**... Rio de Janeiro: Claio/SBPO, 2012. p. 1-12.

CONJECTURAR. In: **Michaelis**: moderno dicionário de língua portuguesa. São Paulo: Melhoramentos, 1998. p. 563.

D'AMBROSIO, U. A história da matemática: questões historiográficas e políticas e reflexos na educação matemática. In: BICUDO, M. A. V. (Org.). **Pesquisa em educação matemática**: concepções e perspectivas. São Paulo: Ed. da Unesp, 1999. p. 97-115.

D'AMBROSIO, U. **Etnomatemática**: elo entre as tradições e a modernidade. 2. ed. Belo Horizonte: Autêntica, 2005.

DALARMI, T. T.; GÓES, A. R. T. O uso de software de geometria dinâmica como ação investigativa no ensino de Matemática. In: ENCONTRO NACIONAL DE EDUCAÇÃO MATEMÁTICA, 11., 2013, Curitiba. **Anais**... Curitiba, 2013.

DALBEN, Â. de F. Avaliação escolar. **Presença Pedagógica**, Belo Horizonte, v. 11, n. 64, p. 66-75, jul./ago. 2005.

DALCIN, A. Um olhar sobre o paradidático de matemática. **Revista Zetetiké**, Campinas, v. 15, n. 27, p. 25-36, jan./jun. 2007. Disponível em: <https://periodicos.sbu.unicamp.br/ojs/index.php/zetetike/article/view/8647014>. Acesso em: 6 fev. 2023.

DELORS, J. **Educação**: um tesouro a descobrir – Relatório para a Unesco da Comissão Internacional sobre a Educação para o Século XXI. 6. ed. Tradução de José Carlos Eufrázio. São Paulo: Cortez, 2001.

GIL, A. C. **Metodologia do ensino superior**. 4. ed. São Paulo: Atlas, 2012.

GÓES, A. R. T. **Otimização na distribuição da carga horária de professores**: método exato, método heurístico, método misto e interface. 129 f. Dissertação (Mestrado em Métodos Numéricos em Engenharia) – Universidade Federal do Paraná, Curitiba, 2005. Disponível em: <http://hdl.handle.net/1884/2155>. Acesso em: 6 fev. 2023.

GÓES, A. R. T.; GÓES, H. C. **Modelagem matemática**: teoria, pesquisas e práticas pedagógicas. Curitiba: InterSaberes, 2016.

GÓES, A. R. T.; COLAÇO, H. **A geometria dinâmica e o ensino da trigonometria**. **Varia Scientia**, v. 9, n. 16, p. 129-138, ago./dez. 2009. Disponível em: <http://e-revista.unioeste.br/index.php/variascientia/article/download/2583/3105>. Acesso em: 6 fev. 2023.

GÓES, A. R. T.; LUZ, A. A. B. dos S. Maquete: uma experiência no ensino da geometria plana e espacial. In: SIMPÓSIO NACIONAL DE GEOMETRIA DESCRITIVA E DESENHO TÉCNICO, 19., 2009, Bauru. **Anais**... Bauru: Unesp, 2009. p. 817-827.

GÓES, A. R. T.; LUZ, A. A. B. dos S.; POI, T. M. Análise do ensino da expressão gráfica no currículo do curso de Matemática da UFPR. In: IX INTERNATIONAL CONFERENCE ON GRAPHICS ENGINEERING FOR ART AND DESIGN, 9.; SIMPÓSIO NACIONAL DE GEOMETRIA DESCRITIVA E DESENHO TÉCNICO, 20., 2011, Rio de Janeiro. **Anais**... Rio de Janeiro: Expressão Gráfica, 2011. p. 1-12.

GÓES, H. C. **Expressão gráfica**: esboço de conceituação. 123 f. Dissertação (Mestrado em Educação em Ciências e em Matemática) – Universidade Federal do Paraná, Curitiba, 2012. Disponível em: <http://www.exatas.ufpr.br/portal/ppgecm/wp-content/uploads/sites/27/2016/03/011_HelizaCola%C3%A7oG%C3%B3es.pdf>. Acesso em: 6 fev. 2023.

GOMES, M. L. M. **História do ensino da Matemática**: uma introdução. Belo Horizonte: Caed-UFMG, 2013. Disponível em: <https://www.mat.ufmg.br/ead/wp-content/uploads/2016/08/historia_do_ensino_da_matematica_CORRIGIDO_13MAR2013.pdf>. Acesso em: 6 fev. 2023.

HOFFMANN, J. **Avaliação mediadora**: uma prática em construção da pré-escola à universidade. 26. ed. Porto Alegre: Mediação, 2006.

JANUARIO, G. **Materiais manipuláveis**: mediadores na (re)construção de significados matemáticos. 147 f. Monografia (Especialização em Educação Matemática) – Universidade Guarulhos, Guarulhos, 2008. Disponível em: <http://www.educadores.diaadia.pr.gov.br/arquivos/File/2010/artigos_teses/MATEMATICA/Monografia_Januario(1).pdf>. Acesso em: 6 fev. 2023.

JOSÉ, E. de A.; COELHO, M. T. **Problemas de aprendizagem**. São Paulo: Ática, 2002.

KALINKE, M. A. **Para não ser um professor do século passado**. Curitiba: Gráfica Expoente, 1999.

KAMII, C. **A criança e o número**: implicações educacionais da teoria de Piaget para a atuação com escolares de 4 a 6 anos. Tradução de Regina A. de Assis. 11. ed. Campinas: Papirus, 1990.

KENSKI, V. M. **Educação e tecnologias**: o novo ritmo da informação. Campinas: Papirus, 2007.

KESSELRING, T. **Jean Piaget**. Tradução de Antônio Estevão Allgayer e Fernando Becker. Petrópolis: Vozes, 1993.

LUCKESI, C. C. Verificação ou avaliação: o que pratica a escola? **Série Ideias**, São Paulo, n. 8, p. 71-80, 1998. Disponível em: <http://www.crmariocovas.sp.gov.br/pdf/ideias_08_p071-080_c.pdf>. Acesso em: 6 fev. 2023.

LUVIZOTTO, C. Como elaborar um bom plano de aula? **Blog Caroline Luvizotto**, 3 set. 2013. Disponível em: <https://memoria.ebc.com.br/infantil/para-educadores/2013/08/como-elaborar-uma-aula-produtiva>. Acesso em: 6 fev. 2023.

LUZ, A. A. B. dos S. **A (re)significação da geometria descritiva na formação profissional do engenheiro agrônomo**. 140 f. Tese (Doutorado em Agronomia) – Universidade Federal do Paraná, Curitiba, 2004. Disponível em: <https://acervodigital.ufpr.br/handle/1884/41173>. Acesso em: 16 jun. 2023.

LUZ, A. A. B. dos S.; SCHIMIEGUELL, H. Inserção do desenho como recurso didático auxiliar no desenvolvimento da disciplina de Biologia. In: INTERNATIONAL CONFERENCE ON GRAPHICS ENGINEERING FOR ARTS AND DESIGN, 6.; SIMPÓSIO NACIONAL DE GEOMETRIA DESCRITIVA E DESENHO TÉCNICO, 17., 2005, Recife. **Anais**... Recife: Graphica, 2005.

MACHADO, L. R.; SANDRONI, L. C. A importância da imagem nos livros. In: MACHADO, L. R.; SANDRONI, L. C. (Org.). **A criança e o livro**: guia prático de estímulo à leitura. 2. ed. São Paulo: Ática, 1987. p. 42-43.

MARTÍN-BARBERO, J. **A mudança na percepção da juventude**: sociabilidades, tecnicidades e subjetividades entre os jovens. Barcelona: Gedisa, 1997.

MARTÍN, J.; PORLÁN, R. **El diario del profesor**: un recurso para la investigación en la aula. 5. ed. Sevilla: Díada, 1997.

MARTINELLI, S. de C. Os aspectos afetivos das dificuldades de aprendizagem. In: SISTO, F. F. et al. (Org.). **Dificuldades de aprendizagem no contexto psicopedagógico**. Petrópolis: Vozes, 2001. p. 99-121.

MIORIM, M. A. **Introdução à história da educação matemática**. São Paulo: Atual, 1998.

MONTENEGRO, G. A. Pensamento visual e inteligência. **Revista Escola de Minas**, Ouro Preto, v. 54, n. 1, jan./mar. 2001. Disponível em: <https://www.scielo.br/j/rem/a/SqwzcYSPchMSPT3xS6mzXhR/?lang=pt#>. Acesso em: 16 jun. 2023.

MOREIRA, M. A.; MASINI, E. F. S. **A aprendizagem significativa**: a teoria de David Ausubel. São Paulo: Moraes, 1982.

NOGUEIRA, C. M. I. Aplicações da teoria piagetiana ao ensino da matemática: uma discussão sobre o caso particular do número. In: MONTOYA, A. O. D. et al. (Org.). **Jean Piaget no século XXI**: escritos de epistemologia genética. Marília: Cultura Acadêmica, 2011.

PEREIRA, M. A. **Colégios jesuíticos no Brasil colonial na produção científica de teses e dissertações**. 192 f. Dissertação (Mestre em Educação) – Universidade Federal de São Carlos, São Carlos, 2008. Disponível em: <https://repositorio.ufscar.br/handle/ufscar/2634?show=full>. Acesso em: 20 jun. 2023.

PERRENOUD, P. **Avaliação**: da excelência à regulação das aprendizagens – entre duas lógicas. Tradução de Patrícia Chittoni Ramos. Porto Alegre: Artmed, 1999.

PIAGET, J. **A linguagem e o pensamento da criança**. Tradução de Manuel Campos. 6. ed. São Paulo: M. Fontes, 1993.

PIAGET, J. **Epistemologia genética**. Tradução de Nathanael C. Caixeira. Petrópolis: Vozes, 1970.

PIAGET, J.; SZEMINSKA, A. **A gênese do número na criança**. Tradução de Christiano Monteiro Oiticica. 2. ed. Rio de Janeiro: Zahar, 1975.

ROMANELLI, O. de O. **História da educação no Brasil**. 25. ed. Petrópolis: Vozes, 2001.

SAVIANI, D. **História das ideias pedagógicas no Brasil**. Campinas: Autores Associados, 2007.

SBEM – Sociedade Brasileira de Educação Matemática. Disponível em: <http://www.sbembrasil.org.br/sbembrasil/>. Acesso em: 6 fev. 2023.

SILVA, M. V. da; GÓES, A. R. T.; COLAÇO, H. A geometria dinâmica no ensino e aprendizado da classificação de paralelogramos. **Educação Gráfica**, Bauru, v. 15, n. 1, p. 63-80, 2011. Disponível em: <http://www.educacaografica.inf.br/artigos/a-geometria-dinamica-no-ensino-e-aprendizado-da-clasificacao-de-paralelogramos>. Acesso em: 3 fev. 2023.

SOARES, M. T. C. Educação matemática e as políticas de avaliação educacional: há sinalizadores para o ensino de matemática nas escolas ou âncoras a serem levantadas? In: ENCONTRO NACIONAL DE DIDÁTICA E PRÁTICA DE ENSINO – ENDIPE, 15., 2010, Belo Horizonte. **Anais**... Belo Horizonte: UFMG, 2010.

SPUDEIT, D. **Elaboração do plano de ensino e do plano de aula**. fev. 2014. Disponível em: <http://www2.unirio.br/unirio/cchs/eb/ELABORAODOPLANODEENSINOEDOPLANODEAULA.pdf>. Acesso em: 6 fev. 2023.

TELLES, L. S. de J.; GÓES, A. R. T.; GÓES, H. C. A geometria por meio de dobraduras na construção do Tangram. In: IX INTERNATIONAL CONFERENCE ON GRAPHICS ENGINEERING FOR ART AND DESIGN, 9.; SIMPÓSIO NACIONAL DE GEOMETRIA DESCRITIVA E DESENHO TÉCNICO, 20., 2011, Rio de Janeiro. **Anais**... Rio de Janeiro: Expressão Gráfica, 2011.

VALENTE, J. A. (Org.). **Formação de educadores para o uso da informática na escola**. Campinas: Unicamp/Nied, 2003.

VASCONCELLOS, C. dos S. **Avaliação**: concepção dialética-libertadora do processo de avaliação escolar. São Paulo: Libertad, 1995.

VEIGA, C. G. **História da educação**. São Paulo: Ática, 2007.

VERGNAUD, G. **A criança, a matemática e a realidade**. Tradução de Maria Lucia Faria Moro. Curitiba: Ed. da UFPR, 2009.

VYGOTSKY, L. S. **A formação social da mente**. Tradução de José Cipolla Neto, Luis Silveira Menna Barreto e Solange Castro Afeche. São Paulo: M. Fontes, 1984.

WADSWORTH, B. J. **Inteligência e afetividade da criança na teoria de Piaget**: fundamentos do construtivismo. Tradução de Esméria Rovai. 5. ed. São Paulo: Pioneira Thomson Learning, 2003.

WALLON, H. **As origens do pensamento na criança**. Tradução de Dores Sanches Pinheiros e Fernanda Alves Braga. São Paulo: Manole, 1986.

Bibliografia Comentada

BORBA, M. de C.; PENTEADO, M. G. **Informática e educação matemática**. Belo Horizonte: Autêntica, 2007.

Os autores apresentam exemplos do uso da tecnologia com alunos e professores de Matemática. Também debatem sobre as políticas públicas destinadas a essa área.

BOYER, C. B. **História da matemática**. Tradução de Elza F. Gomide. 2. ed. São Paulo: Blücher, 1996.

Esse livro apresenta diversos tópicos da história da matemática, tratando desde as primeiras bases numéricas, a maneira como o homem começou a contar, passando por diversas civilizações até chegar a problemas modernos e tendências da matemática no século XX.

BROCARDO, J.; OLIVEIRA, H.; PONTE, J. P. da. **Investigações matemáticas na sala de aula**. Belo Horizonte: Autêntica, 2005.

Esse livro apresenta práticas de investigações desenvolvidas por pesquisadores matemáticos em sala de aula.

CALDEIRA, A. D.; MALHEIROS, A. P. dos S.; MEYER, J. F. da C. de A. **Modelagem em educação matemática**. Belo Horizonte: Autêntica, 2011.

Esse livro traz reflexões por meio de práticas relacionadas à modelagem matemática, principalmente como forma de estratégia na qual o aluno ocupa lugar central na escolha de seu currículo.

CAMPOS, T. M. M.; RODRIGUES, W. R. A ideia de unidade na construção do conceito do número racional. **Revemat – Revista Eletrônica de Educação Matemática**, v. 2, n. 4, p. 68-93, 2007. Disponível em: <https://periodicos.ufsc.br/index.php/revemat/article/download/12992/12093>. Acesso em: 6 fev. 2023.

Esse artigo apresenta um aspecto significativo da construção do conceito de número racional que muitas vezes não é apreendido por alunos em estágios de escolarização depois de seu ensino formal: a noção de unidade. Os autores utilizam como bases teóricas as concepções de Vygotsky e Vergnaud.

D'AMBROSIO, U. **Etnomatemática**: elo entre as tradições e a modernidade. Belo Horizonte: Autêntica, 2005.

Nessa obra é apresentada uma análise do papel da matemática na cultura ocidental e como essa área do conhecimento pode ser relevante em sala de aula.

ECHEVERRÍA, M. del P. P.; POZO, J. I. Aprender a resolver problemas e resolver problemas para aprender. In: POZO, J. I. (Org.). **A solução de problemas**: aprender a resolver, resolver para aprender. Tradução de Beatriz Affonso Neves. Porto Alegre: Artes Médicas, 1998. p. 44-65.

Esse livro mostra a metodologia de resolução de problemas na qual os alunos desenvolvem a capacidade de aprender a aprender e de encontrar respostas às perguntas em vez de esperar uma resolução pronta ou transmitida pelo professor.

POLYA, G. **A arte de resolver problemas**: um novo aspecto do método matemático. Tradução de Heitor Lisboa de Araújo. Rio de Janeiro: Interciência, 1978.

Esse livro traz a metodologia de resolução de problemas, sendo uma das mais importantes obras sobre o assunto. Além disso, nessa obra, o autor define quatro etapas para ajudar os alunos a resolver problemas.

POSKITT, K. **Matemática mortífera**: Saber Horrível. Tradução de Zsuzsanna Spiry. São Paulo: Melhoramentos, 2010.

Essa obra tem a finalidade de propor exercícios em que a ciência dos números pode auxiliar você a resgatar alguém que esteja em situação de perigo. De uma maneira lúdica e simples, o livro traz conceitos como semelhanças de triângulos, potenciação, potência de dez, simetria, história da matemática e muito mais. Indicada para crianças de 8 a 11 anos.

SCIESZKA, J.; SMITH, L. **Monstromática**. Tradução de Iole de Freitas Druck. São Paulo: Companhia das Letras, 2004.

O livro apresenta as aventuras de uma personagem que descobre que seu cotidiano é repleto de situações matemáticas. Dessa forma, compreende que esse campo do saber faz parte da vida de todos os seres humanos.

TAHAN, M. **O homem que calculava**. Rio de Janeiro: Record, 2001.

Nesse livro paradidático, o escritor Malba Tahan (heterônimo do professor brasileiro Julio César de Mello e Souza) narra as aventuras do calculista persa Beremiz Samir em Bagdá. Nele são apresentados problemas matemáticos, quebra-cabeças e curiosidades, além de lendas e histórias incríveis.

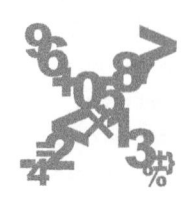

Respostas

Capítulo 1

Atividades de autoavaliação

1. b
2. a
3. d
4. a
5. c

Atividades de aprendizagem

Questões para reflexão

1. Um dos materiais que podem ser utilizados é o geoplano. Com esse material, o estudante, com o auxílio de barbante ou elástico, pode construir as figuras sugeridas pelo professor e investigar o conceito de área e perímetro de cada uma das figuras. O funcionamento dessa ferramenta é o seguinte: a distância entre dois pinos consecutivos é considerada uma unidade de comprimento, e a região formada por quatro pinos, delimitando um quadrado, é considerada uma unidade de área. Outro material que pode ser

utilizado nesse processo é o material dourado, no qual cada face da peça da unidade pode ser a representação de uma unidade de área e cada lado de uma face da unidade pode representar uma unidade de comprimento. Com esses materiais, é possível investigar as atividades de uma maneira que dificilmente seria possível nos livros e cadernos, pois tais recursos incentivam o estudante a manipular o modelo, fazendo-o e refazendo-o.

2. Muitas são as contribuições, desde o esboço e a construção de figuras até a utilização de imagens, símbolos, modelos e maquetes. Entre essas contribuições, podemos indicar a compreensão do conceito de função de 1ºgrau (estudado no 9º ano do ensino fundamental e/ou 1º ano do ensino médio), muitas vezes conduzido por práticas que se restringem à reprodução de exercícios repetitivos, sem apresentar a conexão com a realidade e com poucas representações gráficas. O uso da expressão gráfica contribui para o ensino da matemática ao utilizar gráficos, quadros, *softwares* educacionais para o estudo de funções.

Capítulo 2

Atividades de autoavaliação

1. c
2. b
3. a
4. c
5. b

Atividades de aprendizagem

Questões para reflexão

1. Muitos pesquisadores apontam que aspectos ligados à afetividade são importantes para o ensino e a aprendizagem de matemática, ressaltando que o professor precisa desenvolver competências para trabalhar esse aspecto. Simples ações como "Bom dia, turma! Como vocês estão?" ou "Tudo bem com você hoje, fulano?" criam um vínculo entre o professor e o aluno, tornando prazeroso o momento da aula, mesmo que a disciplina seja considerada de difícil compreensão.
2. Por ser de fundamental importância na resolução de problemas, o raciocínio lógico-matemático está presente em diversas provas de concursos das mais diferentes áreas do conhecimento. Por exemplo: na área da saúde,

quando um experimento não ocorreu de forma satisfatória, podemos recorrer ao raciocínio lógico-matemático para levantar hipóteses (sejam quantitativas, sejam qualitativas), criar premissas e obter inferências e, dessa forma, refazer o experimento e verificar os resultados, alterando assim as premissas e hipóteses anteriores.

Capítulo 3

Atividades de autoavaliação

1. c
2. d
3. a
4. b
5. c

Atividades de aprendizagem

Questões para reflexão

1. O registro está presente em todas as áreas do conhecimento. Assim, no ambiente escolar, o professor precisa estimular os alunos a pensar sobre os conceitos que serão desenvolvidos, de modo que sejam compreendidos antes de serem registrados. Um exemplo a ser citado é o trabalho com o *software* LOGO: a etapa do pensamento é estimulada e facilitada por meio da comunicação direta entre o ambiente e os objetos; os desafios propostos são primeiramente pensados e, em seguida, registrados para o cumprimento das tarefas.
2. A resolução de problemas é uma estratégia didática e metodológica muito importante para o desenvolvimento intelectual do estudante e para o ensino de matemática, uma vez que faz o aluno pensar, se organizar e buscar formas de resolução que estão além da simples execução de algoritmos. A resolução de problemas evita a mecanização ou programação do ensino, uma vez que somente haverá aprendizagem dos alunos se houver a construção do conhecimento, fazendo despertar o gosto pelo raciocínio independente.

Capítulo 4

Atividades de autoavaliação

1. b
2. c
3. a
4. b
5. d

Atividades de aprendizagem

Questões para reflexão

1. A etnomatemática é uma tendência fundamental em virtude da importância de se considerar a realidade sociocultural em que o estudante está inserido, o ambiente em que ele vive e a bagagem de conhecimento que traz de casa e de seu cotidiano. Por exemplo: em comunidades indígenas, a geometria está fortemente presente no artesanato, que é a fonte de subsistência de tal grupo social. Assim, para essa comunidade, é importante desenvolver os conceitos dessa área da matemática para aprimorar seus trabalhos. Todo esse processo pode ser destacado em sala de aula, a fim de tornar o processo de ensino-aprendizagem mais relevante.
2. Muitas são as formas de utilização dessa estratégia de ensino, como na construção de uma maquete que reproduza o ambiente escolar. Por exemplo: uma atividade dessa natureza pode ser proposta para as turmas de 8º e 9º ano do ensino fundamental, com a seguinte divisão: na primeira fase da modelagem matemática, deverá ocorrer a escolha do tema a partir da investigação de ideias sugeridas pelos alunos; na segunda fase, os estudantes devem ser questionados sobre os ambientes da escola quanto à quantidade de blocos que a compõem, quantas salas de aula há em cada um dos blocos; em seguida, o professor deve solicitar um esboço da planta baixa da instituição – nesse momento, pode ser verificada a inteligência visuoespacial dos alunos; na terceira fase, ocorre a elaboração do modelo, ou seja, a maquete da escola, atividade que pressupõe o domínio sobre estudo dos sólidos geométricos, relações de semelhança de triângulos, entre outros conteúdos.

Capítulo 5

Atividades de autoavaliação

1. c
2. d
3. c
4. b
5. a

Atividades de aprendizagem

Questões para reflexão

1. O uso do diário do bordo pode auxiliar o professor, principalmente se o objetivo for realizar uma autoanálise de suas práticas. Com os registros diários de suas atividades, o educador pode verificar o que precisa melhorar e o que pode ser mantido durante sua rotina escolar. Essa prática pode ser uma forte aliada, pois, muitas vezes, não paramos para fazer uma análise de como foi nossa aula.
2. Para facilitar o processo de elaboração da aula, indicamos perguntas no decorrer do capítulo para auxiliar o professor. Entre elas: "Por que o conteúdo a ser ensinado é importante?"; "O que os alunos devem ser capazes de realizar ao término da apresentação do conteúdo?"; "Qual é a relação do tema com o currículo geral?"; "O que os estudantes já conhecem sobre o tema?". Ao responder a cada uma dessas questões, o educador passa a refletir sobre o que quer ensinar a seus alunos e, assim, avalia como elaborar sua aula e buscar métodos para atender às expectativas, ou seja, o professor torna-se pesquisador, uma vez que busca novas formas de ensino e aprendizagem.

Capítulo 6

Atividades de autoavaliação

1. b
2. a
3. b
4. d
5. c

Atividades de aprendizagem

Questões para reflexão

1. O livro didático de Matemática é um material escolar a ser utilizado ao longo do período escolar; no entanto, a ordem dos conteúdos apresentada no sumário não precisa ser necessariamente seguida à risca. Por ser uma complementação, e tendo em mente que o ensino de matemática se dá em forma de espiral, o professor pode organizar sua sequência didática sem se preocupar com a ordem apresentada pelo livro didático e desenvolver atividades pertinentes ao seu planejamento.
2. Com o livro paradidático, é possível desenvolver diversas atividades, da simples aplicação de algoritmos utilizados no cotidiano até aquelas relacionadas à história da construção dos conceitos matemáticos. Além disso, o professor tem a liberdade de contextualizar esses conteúdos e expressá-los de diferentes formas lúdicas, como por meio da releitura da obra feita pelos alunos, que podem confeccionar seu próprio livro abordando conceitos semelhantes aos apresentados ou sugerindo abordagens diferentes.

Sobre os autores

Anderson Roges Teixeira Góes é doutor (2012) e mestre (2005) em Métodos Numéricos em Engenharia pela Universidade Federal do Paraná (UFPR); especialista (2010) em Tecnologias em Educação pela Pontifícia Universidade Católica do Rio de Janeiro (PUC-Rio); especialista (2003) em Desenho Aplicado ao Ensino da Expressão Gráfica pela UFPR; e licenciado (2001) em Matemática pela mesma instituição. Atuou como professor da educação básica durante 14 anos nas disciplinas de Matemática e Desenho Geométrico. Atualmente, é professor efetivo do Departamento de Expressão Gráfica do Programa de Pós-Graduação em Educação – Teoria e Prática de Ensino e do Programa de Pós-Graduação em Educação em Ciências e em Matemática, ambos na UFPR. Tem experiência na área de educação – tecnologia educacional, tecnologia assistiva, educação inclusiva, desenho universal, desenho universal para aprendizagem e expressão gráfica na educação matemática – e em pesquisa operacional – *Knowledge Discovery in Database* (KDD) e otimização na construção de grade horária. É líder do Grupo de Estudos e Pesquisas em Educação, Tecnologias e Linguagens (GepeTel) e coordenador de área do subprojeto matemática do Programa Institucional de Bolsas de Iniciação à Docência (Pibid) da UFPR desde 2016.

Heliza Colaço Góes é doutora (2021) em Educação pela Universidade Federal do Paraná (UFPR); mestre (2012) em Educação em Ciências e em Matemática pela mesma instituição; especialista (2010) em Matemática pelas Faculdades Integradas de Jacarepaguá (FIJ); e licenciada (2006) em Matemática pela Pontifícia Universidade Católica do Paraná (PUCPR). Atualmente, é professora efetiva do Instituto Federal do Paraná (IFPR), *campus* Curitiba. Atua no Programa de Pós-Graduação em Educação em Ciências e em Matemática e no Programa de Pós-Graduação em Educação – Teoria e Prática de Ensino, ambos na UFPR. É líder do Grupo de Estudos e Pesquisas em Expressão Gráfica e/no Processo Ensino-Aprendizagem do IFPR e vice-líder do Grupo de Estudos e Pesquisas sobre Complexidade, Formação de Professores e Educação Matemática: Tessitura, da UFPR, atuando em linhas de pesquisa que mostram as relações existentes entre a complexidade, a expressão gráfica e a educação matemática com relações às demais áreas do conhecimento e desenvolvendo novas metodologias de ensino com o auxílio de recursos tecnológicos e no âmbito da formação de professores que ensinam matemática.

Os papéis utilizados neste livro, certificados por instituições ambientais competentes, são recicláveis, provenientes de fontes renováveis e, portanto, um meio responsável e natural de informação e conhecimento.

FSC
www.fsc.org
MISTO
Papel | Apoiando o manejo florestal responsável
FSC® C103535

Impressão: Reproset